DU ROLE DES FEMMES

DANS L'AGRICULTURE

OUVRAGES DU MÊME AUTEUR.

***

DE L'INFLUENCE DES IRRIGATIONS DANS LE MIDI DE LA FRANCE, par P. C., ancien ingénieur au service de l'État. — Seconde édition. Chez Bouchard-Huzard, Paris, 1841.

D'UNE CAISSE GÉNÉRALE DE RETRAITES ET DE PENSIONS POUR LES TRAVAILLEURS INVALIDES, par le même. — Chez Bouchard-Huzard, Paris, 1841.

NOTE SUR LES INTÉRÊTS AGRICOLES, A L'OCCASION DES REMONTES DE LA CAVALERIE FRANÇAISE. — Chez Bouchard-Huzard, Paris, 1842.

EXPOSÉ SUCCINCT DES PRINCIPES D'UN AMENDEMENT propre à compléter et à faire tourner au profit de l'agriculture, *la loi sur les sucres* présentée par M. Cunin-Gridaine le 10 janvier 1843. — Paris, imprimerie Bourgogne et Martinet.

ESSAI D'UN GUIDE DE L'ÉTRANGER SUR LE CHEMIN DE FER DE LA TESTE, par P. D., habitant des Landes. — Chez Chaumas-Gayet, Bordeaux, décembre 1841.

NOTE SUR BORDEAUX ET LES LANDES DE GASCOGNE. — Paris, imprimerie Bourgogne et Martinet, 1842.

CONSIDÉRATIONS SUR LES ENGRAIS, par P. C., ancien ingénieur au service de l'État; extrait de l'*Encyclopédie nouvelle*. — Paris, imprimerie Bourgogne et Martinet, 1843.

***

Typographie de J. Best, rue des Missions, 15.

DU
ROLE DES FEMMES

DANS

L'AGRICULTURE

ESQUISSE D'UN

INSTITUT RURAL FÉMININ

PAR P. E. C.

OUVRAGE ADMIS PAR LA COMMISSION DES BIBLIOTHÈQUES SCOLAIRES

Troisième tirage

PARIS
LIBRAIRIE DU MAGASIN PITTORESQUE
29, QUAI DES GRANDS-AUGUSTINS, 29

—

1875

N. B. — Sauf quelques changements et additions, les chapitres de ce livre sont formés d'articles parus dans le *Magasin pittoresque* (1867, 1868, 1869). L'auteur a pensé que le long intervalle de temps écoulé entre le commencement et la fin a pu faire perdre de vue la suite des idées, et que celles-ci, condensées en un petit in-18, pourraient recevoir une nouvelle publicité favorable au but qu'il se propose.

PRÉFACE

Pour obtenir le progrès qu'on espère, ce sont peut-être les femmes avant tout qu'il importe de perfectionner. Formez-les, vous trouverez en elles les auxiliaires les plus précieux ; négligez-les, vous aurez à surmonter des obstacles presque invincibles.

Mme NECKER DE SAUSSURE.

Le titre de ce petit livre indique assez le sujet qu'il traite ; mais le but, moins apparent, est de démontrer l'utilité de créer un établissement normal pour l'instruction et l'apprentissage agricoles des demoiselles : ce serait une sorte de pendant à la Maison nationale de Saint-Denis. Le lecteur en trouvera le programme esquissé dans la seconde partie du livre.

L'État met à la portée des jeunes hommes beaucoup de moyens d'instruction agricole ; cependant on ne cesse de lui en demander encore.

Pourquoi ne fait-on rien et ne demande-t-on rien pour les jeunes filles? Est-ce juste?

Pourquoi néglige-t-on le levier d'entrainement qui serait le plus efficace? Est-ce adroit?

Lecteur, méditez l'épigraphe de cette préface, c'est peut-être tout le livre.

Septembre 1869.

P. E. C.,

Ancien élève de l'École polytechnique et l'un des rédacteurs du *Magasin pittoresque.*

PREMIÈRE PARTIE

DU ROLE

INTELLECTUEL ET MORAL

DE LA

FEMME AGRICOLE

—

VISITE

A LA

FERME DE C******

I

FILLES A MARIER

Et la dot, madame Smith? Avez-vous pensé à
la dot? Savez-vous ce que veut ce jeune galant
qui courtise notre fille? Savez-vous quelle part
de notre petit avoir il nous faudra sacrifier?

Le Dr René Lefévre,

Paris en Amérique.

Où l'auteur accoste d'anciennes connaissances, d'honorables mères de famille, dont les filles grandissent sans que les dots grossissent. — Eh bien, pense-t-on à marier ces enfants-là? — Hélas! — Pourquoi désespérer? Il est encore temps de compléter les dots par des connaissances professionnelles et sans aller bien loin.

Je vous ai vue enfant, maintenant que j'y pense,
Fraîche comme une rose et le cœur dans les yeux...

ALFRED DE MUSSET.

C'est aux mères que nous nous adressons, et surtout à celles qui, jeunes encore, longent cette époque de la vie où le goût des plaisirs du monde perd de son vif et où les chances futures de la famille, qui croît en âge et en nombre, commencent d'assiéger l'esprit; c'est à elles que nous posons sans exorde la redoutable question de l'avenir des jeunes filles.

Oui, Madame, en vous retrouvant après une longue

absence, nous sentons le passé nous monter à la tête :
nous vous avons encore sous les yeux lorsqu'au sortir
des Tuileries, la joue animée et le cerceau au poing,
vous receviez des mains de votre père, notre ami, les
premiers cahiers du *Magasin pittoresque,* de ce re-
cueil animé auquel nous collaborions avec tant de
bonheur. Vous rappelez-vous cette énorme tête de
chien de Terre-Neuve qui remplissait la page entière?
et ce bonhomme d'ours, à l'air paterne, traversant le
torrent sur un arbre avec un long cheval pendu sous
son bras? et ce monstre de géant à claire-voie que
nos arrière-grands-parents bourraient, dit-on, de vic-
times humaines pour les faire rôtir par douzaines à la
fois? Quels bruyants transports à la vue de ces images!
et, pour en lire la description, quel empressement! A
vrai dire, on y comptait bien, guettant votre curiosité
pour vous glisser une petite dose d'instruction solide,
espiègle rieuse que vous étiez!

Bon nombre de fois la Lune, depuis ce temps de
jeunesse, nous a, de mois en mois, présenté sa face
ronde avec son nez barbouillé et sa bouche empâtée.
Quant à nous, nous avons dû vieillir convenablement,
cheveu par cheveu tombant, tandis que vous, au contraire, vous avez poussé fleur à fleur, acquérant l'une
après l'autre les grâces que vos six ans annonçaient.
Un heureux cousin, que nous comptions aussi parmi

nos lecteurs, vous a sans trébucher conduite à l'autel, et l'on vous admire aujourd'hui en maturité épanouie, siégeant au milieu d'une charmante couvée de filles.

Eh! eh! plusieurs commencent à se faire grandelettes; elles ne cassent plus bras et jambes aux poupées, mais elles leur font des trousseaux; c'est un grand signe! même votre aînée, splendide blondine, est près de passer femme : la voici qui joue à la petite maman aux dépens de son dernier frère, ce joufflu patapouf, qu'elle débarbouille malgré lui et mange de caresses : on en est aux grands emplois. Aussi, vraiment, la question du commencement du chapitre ne manque pas d'à-propos. Qu'allez-vous faire de tout ce joli petit monde?

Elles sont encore autour de vous, jouant, brodant, lisant, dessinant, et, cela va sans dire, babillant à nargue mélancolie; mais l'inexorable pendule de la vie les a déjà enregistrées pour l'heure fixée, heure des angoisses maternelles où votre essaim voudra prendre son vol! Heure lente d'abord, — puis alerte — et bientôt rapide, impétueuse, — qui se précipite comme la foudre, et, quoique prévue, surprend toujours!

S'il y a de grosses dots, l'essaim colonisera, nul n'en doute. Sous la protection d'une bourse pleine on

peut affronter avec confiance, non sans danger toutefois, les chances perfides de Paris; on ne demeure
pas sans armes devant les rivalités de toilette et les
guerres ruineuses de l'amour-propre; on peut traver-
ser les piéges masqués par les plaisirs. Passons donc,
sous toutes réserves.

Mais pour une seule demoiselle qui vaut, — dota-
lement parlant, — plusieurs fois son poids d'or, com-
bien de centaines d'autres qui ne valent pas mêmé
leur volume en crème fouettée ou en plumes, à la·sai-
son du mariage, et dont les talents, le caractère et la
vertu ne sont même pas cotés pour un compliment
sur la liste dédaigneuse des chasseurs à la dot.

C'est pour celles-là que cette question ardue et
déplaisante se dresse dans les familles, entre mari et
femme, tous les matins au réveil: « Que ferons-nous
de nos filles? »

La réponse paraît assez simple:
Puisqu'il n'est donné qu'à une faible minorité de
femmes de vivre en rentières, au salon, il faut bien
que la majorité se prépare à fournir sa part d'activité
aux efforts du mari; et puisqu'on ne trouve à épouser
que des travailleurs sans fortune, il faut bien apporter de son côté, faute de dot, un contingent d'intelligence, d'étude et de labeur.

La logique, le bon sens, la morale, tout est d'accord dans cette détermination.

Fort bien; mais que faire? quelle profession embrasser? Ici, convenances à concilier; ailleurs, encombrement. Partout grandes difficultés pour la femme : pentes glissantes, perfidies redoutables, honneur en jeu, exigences odieuses, gains petits, dispersion du ménage. Quels embarras, bon Dieu!

Ne cherchons pas davantage et arrivons au fait.

Il est une carrière d'autant plus profitable au mari que sa femme lui sera complétement associée; le débouché y est indéfini, et cette carrière, le titre de notre livre l'annonce, c'est l'*agriculture*.

Le règne de l'agriculture est proche.

Les chemins de fer et le télégraphe électrique changent en mieux toutes les conditions du séjour à la campagne, et mettent à la disposition des provinces une partie des ressources de Paris. L'application incessante de ces deux découvertes capitales rendra, de plus en plus, l'habitant des campagnes bénéficiaire des avantages de la ville, et l'habitant des villes appréciateur des attraits de la campagne.

L'emploi d'instruments perfectionnés dans les travaux du sol, l'introduction de la vapeur dans les opérations de la ferme, sont encore des faits récents de la plus grande portée qui modifient en bien les conditions de l'ouvrier agricole et rehaussent le caractère de ses rapports avec le chef de l'exploitation.

L'agriculture sort enfin de sa solitude et de son silence; elle fait montre, dans les cités, de ses actes et de ses richesses; — les municipalités se mettent en frais pour la recevoir, et lui offrent des banquets et des fêtes; — les hauts dignitaires de la politique, de la magistrature et de l'armée, tiennent à honneur de lui rendre hommage; — le chef de l'État n'y dédaigne; et le modeste cultivateur, montant avec sa femme à l'estrade des concours régionaux, peut recevoir de la main du Souverain la coupe d'honneur qu'il aura méritée.

La carrière agricole n'est donc au-dessous d'aucune autre, et nous pouvons y convier les jeunes filles avec le ferme espoir d'effacer promptement la moue que notre invitation fera naître d'abord sur leurs frais et malicieux visages.

II

L'AGRICULTURE ET LE MARIAGE

> Quand les bœufs
> Vont deux à deux,
> Le labourage en va mieux !
>
> SEDAINE,
> *Richard Cœur-de-Lion.*

ARGUMENT

Où l'auteur affirme que l'agriculture, au temporel, n'est plus
un métier malpropre, et qu'au spirituel la femme y devient
l'équivalente du mari, lorsqu'elle est ornée d'une instruction spéciale. — Vœu pour la création d'un Institut rural
destiné aux filles. — L'enseignement professionnel agricole
convient, dans des vues diverses, aux jeunes personnes de
tous les rangs sociaux.

———

> Toute jeune fille bien élevée est prête à remplir
> convenablement les fonctions de femme d'un méde-
> cin, d'un notaire, d'un avocat, d'un négociant. Il n'en
> est pas de même des fonctions de la femme d'un
> agriculteur : pour les exercer, il faut avoir certaines
> connaissances...
>
> ALPHONSE KARR.

« J'aimerais assez l'agriculture, a dit Mme de Staël,
si elle ne sentait pas le fumier. »

Jusqu'à présent on n'a pas, que nous sachions,
remarqué dans cette phrase d'une femme, à juste
titre célèbre, autre chose que la fin. Sentir le fumier,
pouah ! patauger dans la boue collante de la cour de

ferme, ou dans le gâchis infect de l'étable, quelle horreur! Être entourée de gens sales de la tête aux pieds, hâlés, suant, mal peignés, point rasés et jargonnant dans un rude patois, fi donc!

Heureusement tous ces dégoûts ne sont point des nécessités pour l'agriculture; heureusement des milliers d'exemples démontrent qu'on peut échapper à ces misères. Nous voici déjà fort loin de l'époque où la grande dame formulait ses impressions. Nous n'en serions séparés, il est vrai, que par trois quarts de siècle, si la mesure du temps se prenait au sablier; mais nous nous en éloignons de mille ans si l'on prend pour unité de comparaison la distance du coche au chemin de fer, ou celle de la poste au télégraphe électrique.

On fait aisément, quand on le veut, de l'agriculture propre, et l'on remplace par des plates-bandes de fleurs, sous les fenêtres, les tas de fumier qu'on sait reléguer à distance. Le parfum a chassé les odeurs offensantes.

Que resterait-il donc aujourd'hui dans la formule de Mme de Staël? Le commencement : « J'aimerais l'agriculture. »

Dans la bouche de l'écrivain laborieux, instruit, philosophe et littéraire, à qui l'on doit *Corinne, l'Al-*

lemagne, les *Considérations sur la révolution,* une
telle expression n'est point vaine. Cette femme de
génie n'a pu faire un aveu semblable qu'avec le sentiment profond et l'intuition à longue portée du rôle
que la femme serait capable de jouer dans l'agriculture, si l'agriculture sortait un jour des voies de la
routine et de la grossièreté. La célèbre fille du ministre, reine par la plume, comprenait qu'elle aurait
pu aussi régner à la tête d'une exploitation rurale

Et, en effet, le rôle de la femme s'y qualifie d'un
mot, celui d'*associée* du mari.

Lisez quelques lignes (¹) extraites d'un très-bon livre
de Mme Millet-Robinet : « Par la force des choses,
dit cette dame honorable et judicieuse, l'avenir des
jeunes hommes est dirigé vers l'agriculture ; mais
ceux qui ont du goût pour la vie des champs hésitent
souvent à suivre cette carrière, à cause de la difficulté
de trouver une compagne qui consente à s'associer à
leurs travaux et à y prendre la part qui appartient à
la femme ; car les jeunes filles, plus encore que les
hommes, reçoivent une éducation qui leur inspire de
la répulsion pour la vie des champs. »

Voilà qui est assez clair et qui répond exactement

(¹) *La Maison rustique des dames.*

comme nous répondons nous-même aux sollicitudes des mères sans fortune, si justement inquiètes de l'avenir de leurs filles.

Dans notre monde moderne, où le travail devient la règle et l'oisiveté l'exception, conçoit-on rien de plus beau et de plus digne pour une femme que de s'associer à la profession de son mari, de partager ses labeurs, ses soucis, ses espérances, et de se sentir ainsi une influence plus intime de chaque instant sur tout ce qui peut contribuer à la prospérité du ménage, au bonheur et à la dignité de la famille?

Mais pour bien remplir ces devoirs d'un ordre nouveau, il convient de s'y préparer par une éducation appropriée, et nous ne voudrions voir s'élever, près de Paris, un *Institut rural modèle* pour les filles de famille, analogue aux écoles d'agriculture que l'État ouvre aux jeunes gens après la sortie des colléges. Nous nous plaisons à penser que cet établissement, bien conduit, fixerait l'attention publique, et aurait bientôt des imitations nombreuses dans tous les départements.

On s'occupe beaucoup, depuis plusieurs années, des écoles d'enseignement professionnel. On voit des personnes distinguées, animées d'excellentes intentions, se grouper amicalement pour en créer en faveur

des femmes. Le désir y est vif, mais la réalisation y
est encore très-voisine de l'état de germe; l'incerti-
tude et le vague y règnent quant aux idées d'application, et il nous est permis de supposer que l'on rencontre de grandes difficultés pour choisir un ensemble
de professions spéciales propres aux filles de famille.
Comment, en effet, organiser, sans des frais énormes,
un enseignement professionnel applicable à la fois,
dans son ensemble et dans ses détails, à tous les emplois que pourraient occuper des femmes placées dans
les conditions si diverses de la société?

Mais si l'on prend la peine de réfléchir, on comprendra qu'un enseignement agricole réunit toutes les
conditions désirables pour doter les jeunes personnes
d'une profession dont les débouchés sont à peu près
sans limites. Cette profession présente en outre un
avantage bien précieux, puisque, loin de séparer la
femme du mari, comme dans les emplois offerts par
l'industrie, elle les unit tous les deux par de nouveaux
et de constants rapports.

En continuant à réfléchir, on reconnaîtra encore un
autre fait de haute importance, c'est que l'enseignement nécessaire pour préparer à la vie agricole con-
viendrait aux demoiselles de tous les rangs de la société, aussi bien aux filles du lieutenant et de l'humble

employé, qu'aux filles du général ou du banquier.
Dans une institution du genre de celle que nous
indiquons et que nous esquisserons plus tard, la jeunesse féminine de toutes les séries sociales se rassem-
blera sans choc de convenances, ainsi que cela pourrait avoir lieu dans tout autre établissement; car la
même éducation tournera au profit de toutes les élèves,
qui la recevront chacune dans un but différent.

C'est ce que nous voyons tous les ans, dans les
écoles d'agriculture de l'État, à Grignon, à Grand-
jouan, à la Saulsaie : des jeunes gens riches, issus de
la noblesse et de la haute bourgeoisie, destinés à
posséder de vastes domaines, se pressent autour des
chaires des professeurs en même temps que les fils de
simples fermiers et les fils même de paysans, bour-
siers sortis des fermes-écoles. Là aussi se rallient
les jeunes gens appartenant à des familles exerçant les
professions libérales, qui, séduits par les charmes de
l'agriculture, se décident à embrasser sérieusement la
carrière agricole, avec l'intention d'acheter ou d'affer-
mer un domaine selon le capital dont leurs parents
pourront disposer.

Ainsi, pour les uns, l'éducation agricole devient le
point de départ de la profession; pour les autres, elle
est un complément d'éducation, et surtout un via-
tique utile, un fonds de connaissances positives pour

la bonne administration de leurs propriétés futures.

Lorsque ces jeunes gens arriveront à l'âge de fonder une famille, quel ne serait pas leur bonheur de
rencontrer des compagnes de leur rang, bien élevées,
initiées aux mêmes connaissances, partageant leurs
sentiments, exercées à parler leur langue technique,
capables de raisonner avec eux, de prendre intérêt aux
mêm opérations, de contribuer de leurs conseils et
de l r surveillance au succès commun; portées enfin,
comme leurs maris, à aimer la vie des champs et les
travaux agricoles!

En résumé, pour la pépinière si intéressante des
jeunes gens de toutes les séries sociales qui s'instrui-
sent et s'exercent dans les écoles d'agriculture, il doit
se créer une pépinière correspondante avec une éducation similaire, et dans laquelle puissent se former
leurs futures épouses.

« Mais comment peut-on s'intéresser si fort aux
travaux agricoles? nous demandera une blonde habi-
tante des villes, qui a goûté des bals et des spec-
tacles. On y gâte son teint, et rien ne paraît plus
ennuyeux, surtout les jours de pluie. » C'est de ce
préjugé que nous voulons vous libérer, Mademoiselle.
Les jours de pluie ont leurs occupations attachantes et

aussi leurs plaisirs ; enfin, ce n'est pas gâter un beau teint que de mettre, en vivant au soleil de la campagne, de l'éclat sur le mat, — et de nuancer le lis avec la rose, ajouterions-nous, si nous ne redoutions la fadeur.

III

LA SCIENCE, LA FEMME

ET L'AGRICULTURE

Elle est en toi comme en nous tous, jeune fille, la puissance de déduction et de calcul! Il ne faut que la cultiver..... La jeune Emilia Manin avait été de bonne heure frappée des coups les plus cruels : perte de sa mère, ruine de son père, drame terrible de Venise, exil, pauvreté, vie sombre des villes du Nord!..... Eh bien, à travers tout cela, la jeune vierge de douleur gardait sa pensée haute et libre, aimant le pur entre le pur, l'algèbre et la géométrie. C'est elle qui soutenait son père de sa noble sérénité. Il consultait cette enfant, et, même après qu'il l'eut perdue, se réglait sur son jugement...

MICHELET;

La Femme.

ARGUMENT

Où l'auteur se prend d'ardeur pour la profession agricole, qui
paraît offrir plus que toute autre des aliments à l'esprit et
de la variété à l'activité matérielle des femmes. — Exemple
de l'application des sciences à l'agriculture. — Des proportions de l'enseignement scientifique à donner.

> Chaque idée est un organe nouveau, un sens de plus
> pour l'esprit.
>
> MARIE-JEANNE PHLIPON.

Tout le monde connaît ce passage, trop souvent
cité pour que nous le reproduisions ici, où la Bruyère
représente les agriculteurs comme des animaux fa-
rouches, noirs, livides, fouillant opiniâtrément la terre,
et se retirant la nuit dans des tanières où ils vivent
de pain noir, d'eau et de racines. La vive et navrante
peinture du moraliste a certainement été vraie, et le
souvenir d'une si déplorable existence n'est pas entièrement effacé dans l'imagination des gens de la ville.
Ils ne voient l'agriculture qu'à travers un épais nuage

de préjugés, écrasée sous les plus rudes travaux, es-
cortée par les intempéries, enveloppée de solitude,
nulle pour les plaisirs de l'esprit, et n'offrant même
que des attractions grossières pour les joies divines
du cœur.

C'est cependant le contraire qui est la vérité.

A ne considérer, par exemple, que le domaine **de**
l'intelligence, tout le monde reconnaîtra qu'aucune
profession ne peut récolter des satisfactions aussi variées et aussi durables, par toutes les saisons, sous
tous les climats, dans tous les pays. L'agriculture moderne n'est plus, en effet, un métier de routine **et**
d'opérations manuelles; elle est devenue un *art:* elle
se dirige d'après des règles déduites de la science; et
la théorie, éclairant ou guidant la pratique, restreint
de plus en plus la souveraineté de l'empirisme.

Quelle est l'industrie, quel est le commerce **qui**
puisse grouper autant d'applications de la chimie, **de**
la physique, de la minéralogie, de la mécanique, **de**
la météorologie, de la botanique, de la physiologie,
de la comptabilité, de la science administrative et de
la législation? Est-il quelque métier obscur qui ne re-
lève par quelque côté soit de l'agriculture, soit de **ses**
produits?

Une ferme est un petit royaume; l'art de la gouverner est un art encyclopédique : la masse des agriculteurs s'arrête, il est vrai, aux premiers éléments; mais les plus intelligents peuvent s'élever aux études transcendantes.

Eh bien, Madame, vous à qui nous nous sommes adressé dans notre premier chapitre, convenez que ce sera une belle mission pour une mère que de préparer ses filles à parcourir une carrière si riche en nourriture intellectuelle. Convenez qu'en leur aplanissant cette voie, où elles se sentiront à chaque pas religieusement placées en présence des œuvres de Dieu et appelées à seconder ses lois, elles seront bien plus sérieusement garanties, contre les séductions de toutes sortes, que si vous leur ouvrez les coulisses du monde, quelque préservées qu'elles puissent être par vos sages conseils et par votre digne exemple.

Une jeune femme, instruite par une éducation spéciale, appelée à partager avec son mari l'intelligente direction d'un domaine, ou l'exploitation plus modeste d'une simple ferme, lui sera un trésor préférable à une dot médiocre; car la dot se dissipe souvent par l'inexpérience ou par l'entraînement des premières années de ménage, tandis qu'un fonds de connaissances acquises ne peut que s'accroître par la pratique et par l'observation des faits journaliers de la ferme.

L'étude des sciences n'offre de difficultés que dans les commencements : dès qu'on est parvenu à un certain degré, elle attache et captive; non qu'il soit nécessaire aux femmes de passer par les universités, mais seulement de compléter l'éducation ordinaire des pensions par des notions élémentaires dont une demoiselle se rendra bientôt maîtresse avec un travail modéré. Ces notions suffiront pour faire apprécier l'explication scientifique des procédés qu'emploie l'agriculture.

Un exemple éclaircira notre pensée; nous le demanderons précisément à ce fumier qui horripilait Mme de Staël.

Les chimistes nous ont appris, depuis quelques années, que les récoltes exportées de la ferme enlèvent des *éléments minéraux* qui leur sont essentiellement *nécessaires*, et dont autrefois la présence dans lse plantes paraissait être purement *accidentelle*. Or, le fumier que l'on produit sur place étant lui-même le résultat de la nourriture que les animaux ont trouvée sur la ferme, il ne peut restituer au sol que ce qu'il en a reçu; il ne peut donc remplacer ce qu'auront enlevé les fruits et les légumes, les blés et avoines, le cidre, le vin, la laine, la soie et la viande, etc.; en un mot, tous les produits envoyés sur les marchés pour être consommés au loin. Il y a donc obligation de demander au dehors ce qui manque, et d'acheter des engrais artificiels.

Mais cela ne suffit pas.

Quels éléments du sol a-t-on exportés, et quels éléments doit-on lui rendre pour le maintenir dans son état de richesse? Quels éléments faudrait-il y ajouter, si les besoins de la consommation provoquaient l'introduction de cultures nouvelles, ayant des exigences que les champs actuels ne veulent plus satisfaire?

Pour le savoir, il faut se rendre compte des substances qui entrent dans la composition du sol et dans la composition des plantes qu'il produit et nourrit; c'est donc à la chimie de répondre. Elle vous donnera dans ses livres la liste des substances minérales que contiennent les diverses plantes, et vous pourrez faire analyser votre terrain dans les établissements qui se chargent de ce service. Avec ces données, vous vous rendrez compte de la proportion des éléments qu'il faut incorporer au sol pour lui rendre sa puissance.

Ainsi, vous voulez semer du blé, qui *exige* impérieusement du phosphate de chaux, dans une terre de bruyère défrichée qui en *manque* absolument ? Force vous est d'emmagasiner dans votre champ ce sel qui est la base de vos os, de vos dents, et que les céréales exigent de la terre pour vous le donner dans votre pain. Or, on vous aura enseigné qu'il existe en abondance dans le noir animal et dans le guano : vous enrichirez donc vos fumiers avec ces engrais artificiels, et bientôt votre voisin ébahi criera au miracle en comparant l'ampleur de vos meules et la maigreur des siennes.

Cet exemple, qu'on pourrait appuyer de cent autres, indique à la fois l'utilité de la chimie, et dans quelles limites on peut en maintenir l'enseignement.

Il n'est pas de jeune fille, tant soit peu studieuse, qui ne puisse aisément acquérir des notions scientifiques suffisantes. Tout dépend des proportions. L'enseignement peut se doser selon les aptitudes féminines, et l'on n'oubliera pas la formule de Mme de Rémusat, cette dame judicieuse, d'un esprit si contenu : « Pour que les femmes soient moralement utiles à la société, il faut qu'elles y trouvent une situation où leurs mouvements demeurent en proportion avec leurs forces. »

IV

DES SCIENCES D'OBSERVATION

On a peur, en France, des femmes savantes.
Il y a plus de Chrysales qu'on ne pense, même
parmi ceux-là qui se plaisent à railler les sentiments bourgeois! Les femmes elles-mêmes crai-
gnent de paraître instruites, comme si l'instruction devait diminuer quelque chose de leurs grâces
dans le monde ou de leurs soins dans le ménage.

HIPPOLYTE CARNOT,

Discours au Corps législatif (1er mars 1867).

ARGUMENT

Où l'auteur devient passablement pédant. — N'a-t-il pas
l'impertinence de proposer aux femmes agricoles de tenir
registre des phénomènes naturels, par manière de distrac-
tion? — Il pense peut-être à en faire des correspondantes
de l'Institut! — Vertement tancé par la mère de famille,
il se décide enfin à proposer une excursion dans une ferme.

HENRIETTE.

Excusez-moi, Monsieur, je n'entends pas le grec.

Les Femmes savantes.

Les femmes sont mieux douées que les hommes pour
mener à fin les œuvres de patience et de continuité :
l'obligation de donner chaque jour les mêmes soins
minutieux aux exigences du ménage les rend plus sé-
dentaires et plus aptes à recueillir des observations
régulières. Appliquez ces qualités à l'agriculture et à
la science, Mesdames, et vous ferez des merveilles.

Il est peu de fermes où l'on ne puisse créer, avec le
concours des ménagères de bonne volonté, des registres du plus grand intérêt, en y consignant les phéno-

mènes journaliers que présenteront soit l'atmosphère,
soit la végétation, soit le bétail. Or, c'est en réunissant un grand nombre de ces registres tenus en divers
lieux que les savants pourront vérifier ou étendre les
lois naturelles déjà connues ; c'est en les méditant
qu'ils pénétreront le mystère des lois encore incon-
nues.

Prenons, par exemple, la météorologie, qui de nos
jours est devenue positive d'empirique qu'elle était,
et qui est utile au cultivateur presque autant qu'au
marin, si ce n'est davantage, pour sauver des récoltes
menacées ou pour accomplir certains travaux agricoles. Le besoin de prévoir le temps est si vivement
senti par les agriculteurs, qu'on les a vus acheter im-
perturbablement, pendant plus de deux cents ans, le
célèbre Almanach de Matthieu Laensberg, de ce pro-
phète grotesque, très-probablement inventé par un
imprimeur liégeois, et dont le nom a eu plus de re-
tentissement populaire que celui des grands astro-
nomes. La raison en est claire : c'est que ses prédictions, quoique fausses, répondaient à une curiosité
légitime et à un besoin réel et immédiat.

L'Almanach liégeois annonçait sans hésiter, un ou
deux ans d'avance, la pluie à la Saint-Martin, la grêle
à la Saint-Jean, le sec, le chaud, le froid, l'humide,

pour chacun des jours de l'année. L'absurdité de telles prédictions n'avait d'égale que la crédulité des gens dont elles réglaient les mouvements. A peine aujourd'hui ose-t-on espérer qu'après un grand nombre d'années d'observations, suivies par des milliers de personnes de bonne volonté, chacune dans une localité différente, on pourra prévoir deux ou trois jours à l'avance les grandes variations atmosphériques, et pressentir d'une manière générale le caractère le plus probable du groupe d'années les plus rapprochées de la prophétie.

La météorologie diffère des autres sciences, en ce que ses progrès ne peuvent s'accomplir sans le concours éclairé d'une multitude d'adeptes instruits, attentifs et consciencieux. Leurs observations, centralisées et comparées, permettront seules de distinguer l'origine des perturbations atmosphériques dues à des causes générales, et de faire la part des causes locales secondaires.

Ces causes locales ont une telle influence, qu'à Marseille, par exemple, on est inondé de pluie par les vents d'est, tandis qu'à Paris ces mêmes vents n'amènent que la sécheresse.

On conçoit facilement, en effet, qu'une chaîne de montagnes, une vaste étendue de forêts, des plaines de sable sans fin, de larges nappes d'eau, modifient d'une manière différente les grandes perturbations atmosphériques, qui ont généralement leur point de départ dans les régions tropicales; ces circonstances sont en outre, par elles-mêmes, des causes puissantes de second ordre, appelées à se combiner avec les conséquences des causes principales.

En descendant à des causes modificatrices d'un ordre encore moins important, on en trouvera une multitude : la couleur des terres, l'imperméabilité du sous-sol, la nature physique de la surface, la composition chimique des couches supérieures, les cultures qui couvrent les champs; les dépressions, les élévations et tous les mouvements de terrains ; une réunion de cours d'eau, des marais; une suite de vignobles, un groupe de prairies naturelles, un vaste pays à céréales; des bouquets de bois en taillis ou en futaies, le voisinage d'une grande ville, l'ouverture d'une vallée, les abris, les expositions variées, etc., etc. Toutes ces circonstances plus ou moins déterminées, qui se divisent et se subdivisent les unes par les autres, viennent encore apporter leur contingent de perturbations spéciales de troisième, quatrième, cinquième ordre, aux effets combinés des causes générales et secondaires. Comment les savants pourraient-ils espérer découvrir quelques règles positives dans ce mé-

lange et les appliquer à la prévision du temps, s'ils
ne comptaient obtenir le miroir fidèle de tous les phénomènes observés sur toute la surface du pays, ce
qui ne pourra avoir lieu que lorsque les grands domaines et les grandes fermes seront habités et diri-
gés par des personnes instruites, capables d'apprécier
les bienfaits de la science et de se dévouer à son
progrès?...

Mais nous craignons bien que notre longue tirade
démonstrative n'ait endormi cette excellente mère de
famille, que nous avons tout d'abord tenue en éveil
en l'attaquant sur l'avenir de ses filles et contraignant
sa pensée à se fixer sur ce sujet difficile.

— Quoi ! Monsieur, nous dira-t-elle, vous voulez
nous passionner pour l'agriculture, et vous nous en
ôtez la poésie ! Pensez-vous nous attirer dans la ferme
en nous offrant des creusets calcinés sur de tristes
fourneaux, et de sombres fioles exhalant de mauvaises
odeurs, lorsque nous commencions à rêver les bas-
sines de cuivre brillant pleines de confitures parfu-
mées ? Prétendez-vous nous égayer et nous faire déserter les plaisirs de la ville pour un thermomètre,
un baromètre, un hygromètre, un aréomètre, un ané-
momètre, un ozonomètre, et trente-six autres instruments qui riment de même façon et fort imperti-

nemment avec *maître?* Cela réveille toutes nos
répugnances, et peut-être préférerions-nous encore la
campagne avec ses loups d'autrefois! Parlez-nous
d'autre chose, ou nous prenons la fuite. — C'est
fini, Madame; après la dure vengeance d'un quasi-
calembour, nous coupons court, plaidant seulement
cette circonstance atténuante : Que toute la conséquence de notre article eût été d'implorer de votre
dévouement une aumône journalière de quatre à cinq
minutes, pas une de plus, pour jeter un coup d'œil
sur ces instruments (c'est vous qui les avez nommés),
et pour écrire quelques chiffres dans des colonnes
toutes prêtes. Cinq minutes, pas davantage, et les
académies vous accableront de louanges! Vous vous
jetteriez dans un précipice d'erreurs si vous supposiez
que nous voulons transformer le paysage vivant et
animé de la ferme en un laboratoire de chimiste, un
cabinet de physicien ou un observatoire d'astronome...
Mais je vois que vous en avez assez pour aujourd'hui;
eh bien, faites comme cette spirituelle demoiselle
Phlipon, qui fut plus tard l'héroïque femme du ministre Roland. « Pour échapper aux ennuyeux, ra-
conte-t-elle, je me sauve au jardin : j'y cueille la
rose ou le persil; je tourne dans la basse-cour, où
les couveuses m'intéressent et les poussins m'amu-
sent. J'aime cette tranquillité qui n'est interrompue

que par le chant des coqs. Il me semble que je palpe mon existence. Je sens un bien-être analogue à celui d'un arbre tiré de sa caisse et replanté en plein champ. »

Le jardin, Madame, c'est la campagne en petit! Vous en reviendrez calmée et souriante, et vous ouvrirez de nouveau à votre serviteur, qui grattera de rechef à votre porte pour vous conduire cette fois dans une vraie ferme, en rase campagne, où l'on fait du beurre et du fromage, où l'on élève et engraisse de la volaille et des veaux.

V

LA FERME

J'allais tous les jours passer quelques heures
sur des rochers escarpés où la hauteur des pré-
cipices et la vue de la mer n'entretenaient pas
mal mes rêveries. Ce fut dans ces conversations
intérieures que je m'ouvris tout entier à moi-
même, et que j'allai chercher dans les replis de
mon cœur les sentiments les plus cachés et les
déguisements les plus secrets. Je jetai d'abord la
vue sur les agitations de ma vie passée, les desseins sans exécution, les résolutions sans suite et
les entreprises sans succès. Je considérai l'état
de ma vie présente, les voyages vagabonds, les
changements de lieux, et les mouvements conti-
nuels dont j'étais agité... Je conçus que tout cela
était directement opposé à la sûreté de la vie,
qui consiste uniquement dans le repos, et que
cette tranquillité si heureuse se trouve dans une
profession qui nous arrête, comme l'ancre fait
d'un vaisseau retenu au milieu de la tempête.

REGNARD,

Voyages dans le Nord.

ARGUMENT

Arrivée à la ferme. — L'auteur présente le fermier : un seul homme en dix personnes. — Vue à vol d'oiseau du domaine et des améliorations. — Premier coup de cloche du repas. — La fermière nous fait signe de venir. Peste! mais c'est une madame!

> Bienheureux qui vit sans chimère,
> Qui pour un bien imaginaire
> N'a point d'inutiles désirs!
>
> SAINT-ÉVREMOND.

Pour tenir la promesse du chapitre précédent, jetons par-dessus bord toute dissertation et allons au fait, c'est-à-dire à la ferme.

Entrons, Madame, dans un compartiment du chemin de fer de Paris à ***; nous déjeunerons à M...., d'où une voiture nous conduira à moitié route de B....

Nous voici arrivés. Vous allez prendre à l'improviste le fermier et la fermière; mais soyez certaine qu'un gracieux accueil ne manquera ni à vous, ni à vos filles. Suivons cette allée entre deux haies basses, et acheminons-nous vers ce manoir qui est assez lourdement assis, mais un peu relevé en dignité par le perron d'honneur et par cette espèce de tour percée de fenêtres irrégulières : c'était le genre autrefois.

Vous voyez d'ici l'ensemble des constructions : sur la droite de l'habitation et à peu de distance, un groupe de bâtiments ruraux, simples, mais proprement tenus ; sur la gauche, un peu plus loin, une ferme précédée d'un enclos de prés où s'ébattent de jeunes veaux. Le manoir nous cache en partie une basse-cour formée de piquets, de treillages et de filets, à travers lesquels vous distinguez une femme. Vous apercevez encore, disséminées çà et là, quelques modestes maisonnettes accompagnées de bouquets d'arbres ; enfin, les fumées qui montent au-dessus de plusieurs massifs de verdure vous signalent d'autres demeures plus éloignées et l'approche du repas de midi.

Votre cœur se dilatera sous l'impression des plus douces émotions, Madame, lorsque vous apprendrez comment ces petites habitations furent peuplées ; mais c'est un régal que je suis obligé de vous réserver, car j'aperçois des chevaux qui reviennent des champs avec une charrue anglaise. Le fermier vient de la conduire lui-même pour en bien faire comprendre la manœuvre et les qualités aux ouvriers qui l'entourent.

Ah! il nous a vus et remet aux jeunes gens les guides et le fouet.

Madame, je vous présente à la fois un maître laboureur, un maître semeur, un maître charretier, un maître vacher, un maître granger, un maître terrassier, un maître draineur, un maître irrigateur, un maître partout, même au logis, parce que sa femme le permet, et qu'en obéissance des préceptes de l'Écriture ils ne font qu'un seul être en deux personnes. Ne m'arrêtez pas, mon cher! laissez-moi achever. Votre blouse, votre chapeau à larges ailes, vos bottes boueuses passées par-dessus votre pantalon, votre cravate dénouée, ne me rendent pas facile une présentation comme chez le préfet ou à la cour du grand-duc de ***. Vous arrivez de la lutte contre un sol difficile, avec des chevaux que vous dressez, avec des valets routiniers et des instruments nouveaux; votre physionomie respire l'énergie et le commandement. Vous ne pouvez avoir la façon d'un petit-maître ni celle d'une victime sous le joug conjugal.

— Mais, en effet, Monsieur a bien le cachet de son mérite, et je serais très-fâchée de l'avoir rencontré autre part que sur le théâtre de son triomphe. Il me reste à lui demander excuse pour mes filles et pour moi...

— Inutile, Madame; prenez son bras qu'il vous

offre, et laissez-moi la parole; je le condamne à jouer
le personnage muet de l'opéra. Je veux dire la vérité,
malgré sa modestie qui le pousserait à la dissimuler.
Avançons d'abord sur cette légère éminence, d'où
notre vue pourra embrasser presque tout le domaine
transformé par ses soins, et je tâcherai de vous rendre
claire la description des travaux que nous visiterons
ensuite de plus près.

Voici la disposition générale du sol et des cultures
de cette belle ferme, qui dépasse 250 hectares d'un
seul tenant.

Une nappe de plus de 80 hectares de prairies,
devenues presque toutes arrosables par l'habileté du
fermier, s'étend dans la partie basse d'une vallée, et
se prolonge dans le fond de trois vallons qui nous sont
en partie cachés par les plis du terrain. Tout a été
soigneusement nivelé, et l'on a savamment adouci les
ondulations prononcées, afin que les faucheuses, fa-
neuses et râteleuses mécaniques puissent librement
s'y promener en tous sens à la fenaison et délivrer
les ouvriers de la partie la plus rude du travail.

Des champs de trèfles, de racines et de céréales
occupent les plateaux, qui ont été presque entièrement
drainés.

Les eaux qui nuisaient autrefois aux récoltes se
rassemblent maintenant, enrichies par les fumures des

terres cultivées, et, après avoir rafraîchi les prairies les plus hautes, elles sont conduites en tête du petit ruisseau qui serpente dans la vallée principale, dont elles arrosent les tapis inférieurs.

C'était bien différent il y a quelques années : les vallons se raccordaient mal entre eux, et chacun était empesté par un marais d'eaux croupissantes; quelques lambeaux de mauvais prés humides étalaient leurs herbes grossières au pied des rampes des versants. Les hauteurs elles-mêmes, composées de terrains imperméables, étaient humides et fiévreuses, au grand détriment des récoltes et des cultivateurs; de larges haies en broussailles envahissaient une partie des champs et faisaient obstacle au parcours des instruments; partout des fondrières et des cuvettes formaient, les jours de pluie, des flaques d'eau sans écoulement. Pour se rendre d'une pièce de terre dans une autre, il fallait constamment monter ou descendre, et franchir les faîtes qui séparaient les vallons. L'inégalité de la surface arable repoussait l'application des nouveaux instruments, qui épargnent les forces et le temps du cultivateur intelligent et adroit.

C'est au fermier qui vous conduit, Madame, que toute la transformation est due. Choisi comme ingénieur agricole par un propriétaire éclairé, il a fourni les projets et il les a exécutés. Il a détruit **25** hectares d'étangs et reformé une nouvelle configuration au sol.

— Ah! Monsieur! que d'argent il a fallu! Les modestes dots de mes filles y auraient passé.

— Oui, Madame; mais le propriétaire était riche, l'ingénieur était encore garçon, et il avait assez d'expérience, quoique jeune, pour ne faire que des travaux utiles. En voulez-vous la preuve? elle est dirimante. A peine les dépenses faites, le bétail et les instruments achetés, le tout revenant à 4 000 louis, il accepte la proposition du propriétaire; il prend à fermage les sept ou huit métairies formant le domaine, et ne craint pas d'ajouter à un bail déjà élevé l'intérêt à 5 pour 100 de l'argent dépensé en améliorations par ses soins. Rien ne prouve mieux sa bonne foi et sa conscience dans l'exécution des travaux; rien ne pouvait être plus avantageux à un propriétaire qui plaçait son argent à 5 pour 100 sur sa propriété rurale.

Que vous dirai-je de plus, Madame? Un bétail de choix peuple maintenant les étables : il se compose principalement d'une excellente race laitière qui produit chaque jour un ou deux fromages façon gruyère, ce qui est dans ce pays de plaine une innovation heureuse. Un matériel perfectionné est soigneusement rangé sous les hangars; mais il n'est pas là pour le plaisir des yeux, car son usure en affirme les services. Un personnel de bonne apparence, et dont la phy-

sionomie respire le contentement et la santé, témoi-
gne de la salubrité locale dans une contrée où les
fièvres ont régné de temps immémorial. — Mais j'en
dis trop; j'allais nommer le pays à ceux qui liront
notre conversation. J'entends la cloche qui sonne le
premier coup du repas, et je m'arrête sur la pente de
l'indiscrétion. Les fenêtres du salon viennent de s'ouvrir, et nous montrent trois ou quatre jeunes femmes
déjà réunies. Allons les rejoindre, et vous jugerez
par vous-même, Madame, qu'en se mariant notre
fermier a dignement couronné l'édifice de son bonheur. Sa femme vous fournira un exemple à citer;
vous reconnaîtrez qu'on peut avoir été élevée dans
l'une des premières parmi les capitales intellectuelles
de l'Europe, en avoir fréquenté les meilleurs salons et
les personnes les plus distinguées, et ne point reculer devant la tâche dévolue à l'épouse d'un cultivateur. L'intelligence exercée, cultivée, de la gracieuse
citadine lui a fait mieux comprendre sa mission, et
elle a trouvé dans son cœur et dans ses traditions de
famille les forces pour l'accomplir. Nous en parlerons
bientôt, et son mari, que je vois sourire dans sa barbe,
ne me fera plus les gros yeux pour m'imposer silence.
Entrons, et pendant que notre fermier va quitter la
blouse qui recouvre ses décorations bien méritées,
vous allez apprendre de la bouche de sa femme l'his-

toire de la population qui habite ces maisonnettes d'où s'élevait la fumée à notre arrivée dans la ferme, et où l'on dîne maintenant avec cet appétit triomphant qui puise des forces renaissante dans le grand air et dans un travail acharné.

Je vous laisse en bonne compagnie, avec des dames dont le ton vous rappellera la ville, et qui vous retraceront, d'après elles-mêmes, quelques esquisses du rôle de la femme dans l'agriculture.

VI

GENTLEMAN-FARMER

Quand un mot nouveau répond à un cas social qu'on ne peut dire sans périphrase, la fortune de ce mot est faite.

BALZAC,

Feuilleton du Siècle (10 septembre 18..)

ARGUMENT

Où les lecteurs sont priés de chercher un mot français pour
qualifier le *Monsieur comme il faut* qui s'est fait coura-
geusement fermier d'autrui. — Monologue historico-philo-
sophique. — Dialogue de l'auteur avec la fermière. — On
se met à table.

Que je suis content d'avoir un cœur capable de
sentir cette joie simple et innocente d'un homme qui
sert sur sa table le chou qu'il a lui-même fait venir,
et qui non-seulement jouit de son chou, mais qui se
rappelle encore dans le même instant tous les beaux
jours qu'il a passés à le cultiver, la belle matinée où il
le planta, les belles soirées où il l'arrosa et où il eut
la satisfaction d'en remarquer l'accroissement pro-
gressif.

WERTHER,

Traduction de Pierre Leroux.

Nous avons laissé au salon, en compagnie de la
dame fermière et de sa famille, la *dame bourgeoise*
que nous avons amenée de Paris avec ses filles. Don-
nons-leur le temps de faire connaissance, et pendant

que notre ami fait un bout de toilette, exposons aux
lecteurs l'embarras qui nous entrave depuis le commencement de notre visite au fermier de la ferme de
C.......

Nous ne savons comment présenter sous un titre
convenable ce cultivateur d'un mérite si distingué!

Il manque à notre langue française un mot pour ex-
primer la situation, dans le monde, d'un homme bien
élevé, ayant droit à la qualification reçue d'*homme
comme il faut,* et qui gagne sa vie comme *fermier!*
fermier purement et simplement!

Voici cependant un agriculteur qui a fait ses études
dans une université allemande; qui a su se distinguer
par ses travaux et par sa bonne tenue dans une ville
puritaine, fort collet monté, mais pleine d'honorables
savants, de littérateurs délicats, de philosophes sérieux, parmi lesquels il compte beaucoup d'amis. Il
est très-considéré dans son département, et fait partie
de toutes les commissions créées par le préfet et par
la Société d'agriculture. Certes, c'est plus qu'il n'en
faudrait pour qu'en Angleterre on le qualifiât de
gentleman farmer, et l'on saurait à qui l'on parle;
mais en France on ne peut que vous dire, cher lecteur : Je vous présente M. ***, *fermier* en Bresse, ou
en Brenne, ou en Brie!

Il est difficile de désigner autrement, par sa fonction, celui qui vit sur une terre dont il n'est pas le propriétaire, avec les produits qu'il en retire après avoir prélevé le prix du fermage.

Or, ce titre de *fermier* conserve encore, malgré qu'on en ait, une teinte d'infériorité sociale vis-à-vis du propriétaire de la ferme, celui-ci fût-il un lourdaud vain, sot et ignorant.

Cela tient-il à la nature des baux que le propriétaire impose à ses fermiers, et qui sont généralement bourrés de clauses restrictives, défiantes et fort désobligeantes, tant pour la dignité que pour le savoir du preneur? — Faudrait-il en rechercher seulement la cause dans l'état ordinaire d'ignorance, de routine et d'encroûtement grossier qui a signalé pendant si longtemps les gens de la campagne?

Ces circonstances y ont certainement contribué; mais il nous semble qu'on peut justement en faire remonter la première cause aux souvenirs encore récents de la tradition féodale. L'empreinte de la glèbe et du servage n'est pas entièrement effacée ni dans les conditions qui tiennent à la possession du sol, ni dans les relations entre l'homme qui jouit de cette possession et celui qui rend par son travail la jouissance fructueuse.

L'héritage de la féodalité se retrouve naturellement dans le langage.

Aussi on dit : les *ouvriers* de la fabrique, les *ouvriers* de la manufacture, les *ouvriers* de l'usine ; tandis que les travailleurs de l'agriculture se laissent encore nommer et se nomment eux-mêmes les *domestiques* de la ferme. Ce qu'on appelle un *contre-maître* dans l'industrie devient un *premier valet* de ferme, tout au plus un *maître valet*.

Les ouvriers de l'industrie donnent au chef de l'établissement le nom de *patron*, qui rappelle la protection bienveillante du père, ou celui de *directeur*, qui réveille l'idée d'intelligence ; mais les ouvriers de l'agriculture disent encore *notre maître* en parlant du propriétaire de la ferme. Non-seulement les simples manouvriers, mais les métayers et la plupart des fermiers, emploient ce terme qui sent tant soit peu le bâton et le servage.

L'affranchissement de l'industrie et du commerce remonte assez haut dans notre histoire ; tandis que l'affranchissement du cultivateur est trop récent pour que les liens dont il était chargé ne s'aperçoivent point flottant autour de lui. Tel on voit le Spartacus de Foyatier, libre et armé, presser sur sa poitrine les fers qu'il a brisés, et qui témoignent à la fois de sa liberté conquise et de son esclavage détruit !

Ce qui a le plus contribué à placer au rang qui leur appartient les industriels, chefs ou directeurs d'usines, de fabriques ou de manufactures, ce sont les connaissances d'un ordre élevé qu'ils ont été forcés d'acquérir : mathématique, mécanique, chimie, physique et autres sciences, devenues indispensables à quiconque prétend faire de l'industrie. C'est donc aux cultivateurs eux-mêmes qu'il appartient de seconder l'esprit libéral de l'époque en acquérant les connaissances qui leur manquent, et surtout l'éducation professionnelle, l'éducation agricole, qui les arrachera au cloaque de leur routine entêtée. Leur influence dans le monde et la considération qu'ils ambitionnent prendront leurs premières racines dans le degré d'instruction et d'éducation vers lequel ils sauront s'élever.

Il a paru utile à notre but général de consacrer cet article à une plainte contre l'insuffisance de la langue française pour rendre l'équivalent de l'expression de *gentleman farmer*.

Une femme, en se mariant, tient grand compte de la qualification dont son mari est revêtu ; or, l'acception ordinaire du titre de *fermier* n'est pas encore de nature à satisfaire ce sentiment bien naturel. Le temps seul pourra combler cette lacune, car les mots qui *nomment*, et surtout les mots qui *nomment* dans un nouvel ordre d'idées, ne se font guère par convention ou par décret ; ils naissent et s'imposent, **comme dirait Joseph de Maistre.**

Parmi les titres qui se présentent, celui d'*agriculteur* est peut-être destiné à revêtir l'acception désirable. Nous l'avons déjà remarqué en Franche-Comté sur la carte d'un officier supérieur, ainsi conçue :

M. Faucompré,
Commandant d'artillerie en retraite,
AGRICULTEUR.

C'est un bon exemple, donné d'ailleurs par un ancien élève de l'École polytechnique, qui dirigeait avec de brillants succès deux grandes exploitations agricoles ; mais le mot « agriculteur » accompagne un autre titre ; seul, il n'eût point été compris, et le mot que nous cherchons ne paraît pas encore trouvé.

Mais ce monologue est un peu long. Aussi bien je m'entends appeler à grands cris.

— Arrivez ; mais arrivez donc à mon aide ! Où m'avez-vous conduite ? Voilà que toutes mes filles veulent rester ici et apprendre la vie agricole ; et elles me déclarent qu'elles ne prendront pas d'autres maris que des agriculteurs ! Madame de *** (*la fermière*) les a ensorcelées.

— Oh ! je la reconnais bien là ! Elle a ce rare défaut d'être enthousiaste de son état et de son mari! Elle croit qu'on en trouve ainsi par douzaines de ces époux modèles, réunissant la bonté et la douceur au savoir et à l'énergie! Mais je vais la forcer à convenir que tout n'est pas roses en agriculture, et que ce qui paraît le plus simple exige souvent d'énormes efforts... Avez-vous fait connaître à mes Parisiennes l'organisation de la main-d'œuvre dans la ferme?

— Non.

— Eh bien, racontez donc cette histoire d'angoisses.

— Certes, je le ferai puisqu'il vous plaît, mais après le dessert. Commençons par aller dîner. C'est aujourd'hui jeudi, jour où tous les cultivateurs du pays sont autorisés à venir se familiariser avec les nouveaux instruments de culture. Mon mari se fait un plaisir et un honneur de se tenir toute la journée à leur disposition; il est debout et aux champs depuis quatre heures du matin; il a bien gagné sa soupe aux choux et quelque chose en plus. Venez, Mesdemoiselles, et nous trouverons encore, à table, moyen de continuer notre entretien d'agriculture en causant de la *cuisine*. C'est une grande affaire pour la fermière d'avoir à nourrir confortablement, et *surtout économiquement*, tous les habitants de la ferme!

VII

DU MÉNAGE ET DE LA CUISINE

ET DU JARDIN

Mademoiselle Justine de Liron s'avança vers l'office, où deux filles étaient occupées à faire des pâtisseries et des friandises pour la collation... En province, les journées paraissent plus longues, les travaux domestiques ont plus d'importance et ne manquent même pas d'une certaine majesté. Aussi les femmes qui l'habitent trouvent parfois les moyens de donner de l'éclat aux occupations les plus humbles, et de déployer les ressources de leurs grâces et quelquefois même de leur coquetterie en achevant avec plus de célérité les travaux confiés à des mains mercenaires...

DELÉCLUZE,

Justine de Liron.

ARGUMENT

Petit ménage à la ville : corvée ! — Grand ménage à la ferme :
fonction ! — L'auteur s'engage dans une voie sentimentale
et savante à propos des talents de la ménagère. — Voyons,
dit-elle, aurai-je chaque jour de l'année une salade à offrir ? — Sans doute, Madame, si vous raisonnez sagement
votre pratique ; Aristote en a indirectement touché un mot.

> Je n'ay trouvé en ce monde d'autre délectation que
> d'avoir un beau jardin.
>
> BERNARD DE PALISSY.

Au premier abord, il ne semble pas que l'on puisse
offrir un attrait réel aux habitantes des villes en les
conviant à ces soins intérieurs que la femme d'un
agriculteur doit embrasser sous sa direction ou sous
sa surveillance.

Essayons cependant.

Et commençons par le côté le moins poétique, par

4

le ménage et par le service de la nourriture destinée
au personnel de l'exploitation.

« Grosse affaire, diront les citadines : on a déjà tant
de tracas à la ville avec de petits trains de maison!
Toujours sur la défensive : ici, contre la *réjouissance*
du boucher et le pain mal cuit; là, contre les finesses
du garçon épicier ; ailleurs, contre le lait baptisé, l'huile
mélangée, le vin coupé! Fraude partout : œufs de
quinze jours donnés pour frais; vieux légumes rajeu-
nis ; carrelets pour soles et bécards pour saumons;
les poulets montant à des prix fous, sans compter la
danse du panier ! Certes, le casse-tête que donne le
moindre ménage à la ville n'encourage pas à prendre
la charge d'un grand train à la campagne. »

A quoi nous répondrons que c'est précisément cet
accroissement d'importance du ménage qui transforme
en *fonction pleine d'intérêt,* à la campagne, ce qui
n'est à la ville qu'une des *corvées* lancinantes du mariage. La femme qui préside au développement régu-
lier d'un service organisé voit s'ouvrir devant elle un
champ d'activité où les facultés dont elle n'aurait pas
eu l'emploi peuvent prendre leur essor. Ce qui taquine,
ce qui agace dans un ménage bourgeois, au milieu du
tumulte étourdissant des cités, s'efface au sein d'une

plus large administration, dans le calme de la vie champêtre.

Précisons par quelques détails, détails vulgaires, mais qui trouvent ici leur place.

A Paris, par exemple, il n'est guère possible de faire des provisions de quelque importance. Le voisinage et la multiplicité des fournisseurs dispensent de tout souci des détails et de toute prévoyance, sauf à en passer par la surcharge des prix et par la sophistication, le tout aggravé par la valse de l'anse du panier.

· C'est tout autre chose à la campagne, dans une exploitation. Là, plus de doute sur la qualité des denrées : on en récolte soi-même et chez soi la majeure partie; frais sont les œufs et frais le beurre; les légumes, cueillis peu d'instants avant de paraître sur la table, y ont une finesse et une délicatesse que les villes ne connaîtront jamais. Tant mieux si les poulets sont chers, car on les ménagera pour soi, et la vente qu'on en fera au marché voisin apportera plus d'argent dans l'escarcelle de la fermière. Quant aux denrées que ne fournit pas la ferme, elles font l'objet d'achats en gros sur les lieux de provenance ou sur les grands marchés spéciaux, ce qui permet de les avoir meilleurs et à plus bas prix. Tout cela ne se peut guère à la ville.

La femme d'un agriculteur, à ne la considérer que

sous la capeline de la ménagère, voit donc son action personnelle s'étendre et grandir. Elle a un vrai budget à régler, des devis de consommation à dresser, une concordance à établir entre les payements et les époques des rentrées. On lui assigne généralement, pour son service, certaines parties de la ferme productives de denrées et d'argent, telles que la basse-cour, quelques vaches, le verger et le potager. Elle y trouvera matière à combinaisons ; et si elle est intelligente et soigneuse, elle saura en tirer parti de manière à augmenter le bien-être du personnel, et même à y former quelque réserve d'écus pour la toilette de la famille.

Et puis, ce n'est pas tout que de garnir ses magasins ; il faut savoir conserver ses provisions dans un bon état de fraîcheur, et réduire les déchets au minimum. Il y a toute une science dont il faut connaître les règles et les procédés. Ce sera l'objet d'une étude minutieuse et d'une surveillance régulière qui trouveront leur récompense dans la satisfaction et dans la bonne santé des administrés. Une maîtresse de maison, jalouse de se distinguer dans cette voie, se fera initier dans l'art de préparer les conserves alimentaires, qui sont devenues l'objet d'un commerce important pour les légumes frais, les juliennes et les primeurs. Elle y ajoutera l'ancien répertoire des salaisons, **des** fumaisons, des saucissons et des jambons; elle n'oubliera pas les gourmandises en choucroutes et confits au vinaigre, encore moins les friandises en confitures, compotes, liqueurs stomachiques et fruits de réserve pour les jours de fête : elle atteindra ainsi la célébrité d'une reine des contes de fées au milieu d'un peuple enchanté. Il faut si peu de chose pour construire une fête à la campagne! Quels heureux et purs souvenirs du printemps de la vie ne réveille pas, même au sein des grandeurs, la vue d'une galette semblable à celle que préparait, aux jours de la pauvreté, la vieille grand'mère pour un anniversaire de naissance ou de mariage! Une des plus charmantes pages des mémoires de Marmontel est celle où il raconte à ses enfants, sur le soir d'une vie écoulée dans le commerce des Grands, les joies des repas apprêtés pour les fêtes de famille durant sa jeunesse laborieuse, passée dans la gêne au milieu des montagnes du Cantal.

L'art des préparations alimentaires tient de beaucoup plus près qu'il ne paraît aux principes et aux procédés de la chimie et de la physique. La jeune femme qui aura pu recevoir, dans l'*Institut rural* que nous avons déjà indiqué[1], les notions de ces deux sciences, prendra un grand plaisir à en reconnaître les applica-

[1] Voir les détails dans la seconde partie.

tions dans les procédés employés pour la confection des conserves, et... disons-le franchement... dans les pratiques de la cuisinière habile. Rien ne paraît indigne ni petit *à celui qui sait.*

Mais ce n'est pas tout! Le service de l'alimentation de la ferme mettra journellement la maîtresse de la maison en relation avec les ouvriers du jardin. On ne trouve pas facilement des jardiniers de mérite; on est obligé de se contenter de gens qui travaillent manuellement, mais qui ne sauraient se conduire tout seuls, sans conseils et sans ordres. Que de choses à combiner, et que de travaux à classer! que de prévisions à ajuster! Il faut assurer, en quantités et en diversités, les légumes dont on aura besoin aux diverses époques de l'année; il faut échelonner les ensemencements, et réserver des carreaux de terrain préparé pour obtenir, sans interruption, frais et tendres, certains légumes indispensables. Un jardin doit fournir, par exemple, de quoi faire des salades en toutes saisons : il faut donc calculer son espace, et modifier ses cultures selon le climat, le sol et le rendement des semences; il faut choisir ses variétés de plants ou de graines, en faire concorder la culture avec le nombre des bouches à satisfaire. Tout cela doit se proportionner aussi au fumier dont on dispose et au nombre de bras qu'on peut y affecter. Dans ce seul chapitre des salades, on trouverait un ensemble de soins et de dispositions à prendre digne d'intéresser un bon agriculteur; à plus forte raison lorsqu'il s'agit de tout le jardin. La femme s'y attachera avec les conseils de son mari, et rencontrera dans ce travail d'esprit et d'administration de grands motifs d'études et d'expériences intéressantes. Même sujet d'attraction dans le verger pour le choix des variétés de fruits précoces et tardifs, et pour la conduite des arbres. Le cours de pomologie fait dans l'Institut rural ouvrira de nombreuses sources de satisfaction et de plaisirs attachants.

Nous disions, en commençant ce chapitre que le service de la nourriture du personnel de la ferme était le côté le moins poétique de la fonction de fermière; avions-nous vraiment raison d'être aussi sévère? Oui, sans doute, pour les gens qui sont purement et simplement praticiens; mais en est-il de même pour ceux qui raisonnent les pratiques? « Les hommes d'*expérience*, dit Aristote, savent bien que telle chose est, mais ils ne savent pas pourquoi elle est; les hommes d'*art*, au contraire, connaissent le pourquoi et la cause. Aussi les hommes d'*art* passent pour être plus sages que les hommes d'*expérience*, car la sagesse est en raison du savoir. »

Or, la sagesse est un grand instrument de bonheur. Instruisons donc nos jeunes filles à devenir des femmes d'*art* et d'*expérience* dans les voies de l'agriculture, et nous aurons, autant qu'il est en **nous**, contribué à leur préparer une **vie** de bonheur.

VIII

DE LA MAIN-D'ŒUVRE AGRICOLE

Toutes les enquêtes départementales sont unanimes pour confirmer de la manière la plus positive ce fait : qu'il devient de plus en plus difficile de trouver pour le travail de la terre des bras en quantité suffisante ; que le prix de la main-d'œuvre a dû subir, par suite, une importante augmentation ; que les ouvriers sont devenus de plus en plus exigeants, non-seulement pour leurs salaires, mais aussi pour les autres conditions du louage de leurs services dans les exploitations rurales ; et enfin, que leurs rapports avec ceux qui les emploient sont, en général, plus difficiles que par le passé.

J. DE MONNY DE MORNAY,

Rapport au ministre de l'agriculture, sur l'enquête agricole (1866-1867).

ARGUMENT

Difficulté de trouver à des prix équitables des ouvriers agricoles? — Comment se les assurer? — Une idée!... si on leur jouait le tour d'améliorer largement leur sort? Qu'en dit le fermier? — Vraiment! répond la fermière d'un air narquois, l'idée est bonne; mais vous ne vous êtes pas levé assez matin, pour nous en porter l'étrenne, monsieur le Parisien?

> Aucun plan pour soutenir les pauvres ne mérite attention, s'il ne met les pauvres en état de se passer de secours.
>
> RICARDO.

Dans le programme des doléances de l'agriculture, on voit figurer au premier rang le chapitre de la cherté ou de la rareté *croissantes* de la main-d'œuvre; et tout comice déplore au moins une fois l'an, par l'organe de son président, l'entraînement qu'exercent les séductions des villes sur les habitants des campagnes.

Autant en emporte le vent!

De même qu'une nappe d'eau s'allonge sur les pentes et descend de l'âpre montagne vers les plaines faciles, de même le courant de la population s'infléchit naturellement et s'incline vers les meilleures conditions de la vie.

Ainsi le veut la loi d'amélioration qui commande à l'agriculture comme aux autres industries : loi propice à qui la devance, dure à qui lui résiste, et grosse d'ennuis pour qui la suit à contre-cœur !

Redoublez de zèle, d'efforts et d'habileté, ô vous, agriculteurs qui voulez retenir les ouvriers dans vos fermes ! cherchez-leur un supplément de salaire dans l'accroissement de vos récoltes ; sachez les employer, et n'oubliez pas que des bras moins nombreux, mais plus exercés, mieux payés, mieux conduits, produiront des fruits plus abondants et augmenteront vos revenus.

Un bon ouvrier vaut trois médiocres : laissez donc partir ceux-ci sans regret : ils vaudront peut-être dans une ville, par suite de qualités dont ils trouveront l'emploi ; mais instruisez celui qui vous reste, et vous supporterez peut-être sans souffrance la dépopulation *relative* des campagnes.

Elle serait bien autre aujourd'hui, cette dépopulation, si depuis un demi-siècle, depuis vingt ans surtout, elle n'avait été combattue par les forces récemment apparues sur la scène agricole, telles que :

concours et expositions, méthodes raisonnées de culture, applications des sciences, emploi d'instruments plus parfaits, exemples des bons cultivateurs, émulation entre les maîtres; en un mot, enseignement agricole sous toutes ses faces.

Que ne doit-on pas espérer de l'avenir lorsque cet enseignement aura été étendu aux femmes, et qu'on aura initié à l'agriculture rationnelle cette belle et avisée moitié du genre humain, qui exerce sur l'autre moitié une si légitime influence! « Les femmes, a dit M. Jules Simon précisément à l'occasion de l'instruction agricole, les femmes ont une puissance économique et morale dont on ne se sert pas... Il en résulte un détriment considérable *pour tous!* »

— Mais, objectera-t-on, l'instruction a ses limites d'activité et ne peut répondre à tout. Telle grande que soit l'habileté d'un agriculteur, elle est souvent dominée par les circonstances, et n'est pas toujours en état de supporter une hausse de salaires qui puisse retenir l'ouvrier dans les campagnes.

L'objection frappe juste, et nous l'agréons avec sa conclusion : c'est-à-dire qu'il faut chercher, en dehors de la hausse des salaires, un moyen d'arrêter l'émigration exagérée des campagnards.

Ce moyen existe, en effet; il est aussi difficile en application que simple en théorie; mais il pourra entrer dans la pratique courante par l'intervention des femmes agricoles, et c'est ce qui nous séduit. Elles y montreront, dans tout leur éclat, les qualités spéciales dont elles sont douées; elles y exerceront cette action intime, patiente, contenue et religieuse qui est le nœud vital du succès.

Un exemple fera mieux saisir la pensée de ce moyen topique, lequel n'est autre, d'ailleurs, qu'une certaine dose d'association entre les ouvriers agricoles et le fermier, une certaine *participation du simple manœuvre* salarié aux *mœurs domestiques du propriétaire* cultivateur.

Et cet exemple, nous allons le trouver dans cette même ferme de C..., où nous avons conduit notre Parisienne et sa jolie couvée de filles. Nous les avons laissées au moment de s'asseoir à table. Elles ont eu le temps de dîner, et l'on doit se rappeler que la dame fermière avait promis de leur conter, au dessert, l'organisation de la main-d'œuvre de la ferme. Allons donc les trouver; nous arriverons sans doute au moment où la promesse s'accomplit. Écoutons. Ah! c'est le mari qui parle.

« — Mesdemoiselles, je vous dirai la vérité entière. Je veux vous apprendre que si l'agriculture a ses roses, elle a aussi ses épines; je ne chercherai point à dissimuler devant des jeunes filles raisonnables les difficultés d'une carrière qu'elles étudient. Il y a partout des soucis; mais vous savez qu'un bon averti en vaut deux, et...

» — *Qu'à vaincre sans péril, on triomphe sans gloire!* s'écrie la plus jeune des demoiselles parisiennes.

» — Bravo, Juliette! bravo, mon enfant! dit la maman.

» — Oui, reprend notre fermier, vous mordrez à la pomme, Mademoiselle : c'est bien; mais ne rougissez pas de votre élan, et croyez que nos paysans comprendront les sentences des poëtes lorsque de belles filles comme vous, vivant au milieu d'eux, seront entrées dans la sainte croisade de l'instruction contre la mécréante ignorance, et auront éclairé les routes de l'esprit pour y faire pénétrer en beau langage les sentiments écrits dans le cœur.

» Mais je reprends mon récit, et je répète que la plus grande difficulté de l'agriculteur, c'est la main-d'œuvre. Réunir des *ouvriers permanents*, les fixer chez soi, les faire bien vivre ensemble, les diriger, trouver à point les *ouvriers temporaires* à un prix raisonnable : c'est le grand casse-tête des fermiers.

» Vous ne connaissez guère cela dans votre grand Paris! Il y a là tant de gens, tant d'ouvrages divers,

tant d'aptitudes variées et de circonstances imprévues,
tant de classements et de déclassements journaliers,
que l'on trouve toujours soit un homme pour du travail, soit du travail pour un homme. Sur cet immense
marché de demandes et d'offres, il n'y a pour l'ouvrier de bonne volonté que de rares chômages mo-
mentanés, comme il n'y a pour le chef intelligent
que de rares disettes de bras.

» Mais c'est tout autre chose ici. Je ne devais
compter que sur mes propres ressources; car j'habite un pays jadis dépeuplé par la fièvre, et où la
population intimidée est lente à revenir. Je touche à
un plateau célèbre dans les fastes mortuaires, où
l'étang était la règle et la prairie l'exception, et où,
par conséquent, la fièvre régnait en souveraine, pro-
menant sans contestation sa faux mortuaire, et re-
nouvelant trois fois la population de certains villages
dans la durée d'une génération. Je ne pouvais donc
compter ni sur les rares paysans de la plaine, ni sur
les paysans encore plus rares du plateau.

» J'étais d'autant plus embarrassé que je voulais
me livrer à une agriculture intensive, qui exige plus
de précision dans les travaux, un personnel plus
exercé, et des bras disponibles à souhait.

» Aussi, que d'insomnies et de soucis avant d'arriver à l'idée qui m'a sauvé!

» Elle paraît d'abord assez simple.

» Il y avait, à quelques kilomètres à la ronde, une vingtaine de familles de journaliers, n'ayant d'autre fortune que leurs bras, chargées d'enfants malingres, la plupart sans logement fixe, et courant de ferme en ferme ; quelques-unes, descendues en fait au rôle de mendiantes, ne pouvaient se fixer nulle part, parce que, malgré leurs efforts, elles ne gagnaient pas assez pour vivre. Chacun les éloignait pour se défendre du spectacle pénible de ces déshérités !

» C'est sur eux que je jetai les yeux, et j'entrepris de les coloniser sur la ferme : c'est à quoi j'ai réussi ; mais je dois déclarer que j'aurais échoué sans le concours de ma femme. »

Ici le fermier s'arrêta.

— Quoi ! c'est déjà fini ! s'écrie tout d'une voix le petit cercle d'auditeurs. Mais comment avez-vous réglé les lois de cette colonie, et par quel miracle ses membres ont-ils changé d'habitudes ?

— Vous avez raison, Mesdames, reprend la dame fermière, mon mari ne vous a rien dit de sa petite constitution sociale ni des heureuses conditions qu'il a établies entre ces familles et sa ferme. Je veux vous les faire connaître. Mais, d'abord, permettez-moi de me glorifier de lui. Le trait de lumière qui a frappé ses yeux, à l'étalage de toutes les misères de ces pauvres

gens, ce trait de lumière est parti de son cœur (**¹**). C'est
dans sa bonté naturelle qu'il a puisé l'intelligente solu-
tion du problème redoutable dressé en face de lui.
Vous comprendrez mieux ce qu'il a fait en vous pro-
menant et en entrant dans quelques-unes de ces maisonnettes que vous avez remarquées en arrivant ici.
Vous verrez ce que sont devenues ces familles autrefois
si malheureuses, qui nous fournissent à volonté et à un
prix convenable toute la main-d'œuvre réclamée par les
travaux : mon mari les a mises en mesure de jouir des
habitudes et de l'aisance d'un petit cultivateur qui serait *propriétaire* de son champ. ***Là est tout le secret
du succès!***

(¹) Vauvenargues l'a dit : « Les grandes pensées viennent
du cœur. »

IX

COLONISATION

La classe ouvrière ne possède rien ; il faut lui
donner une place dans la société et attacher ses
intérêts à ceux du sol. — Elle est sans organisation et sans liens, sans droits et sans avenir ; il
faut lui donner des droits et un avenir, et la re-
lever à ses propres yeux par *l'association*, *l'éducation*, *la discipline*.

L.-N. BONAPARTE,

Extinction du paupérisme.

ARGUMENT

Conditions d'une association régulière entre le maître et l'ouvrier. — Le métayage ancien est une aspiration vers le contrat de société, mais imparfaite et retardatrice. — Règlement conçu et appliqué par le fermier de C*******. — Réussite. — Le lecteur voit par le mot de la fin que l'auteur n'a rien imaginé et n'a fait que raconter.

Aux œuvres non mie aux paroles se démonstrent les affections du vaillant preux.

(Le Livre des faicts du bon messire Boucicaut, maréchal de France.)

On a vu, dans le dernier chapitre, comment le *gentleman farmer* et sa femme s'enlevaient successivement la parole, étant jaloux chacun de proclamer les mérites de l'autre et de taire les siens propres. C'est donc à l'auteur d'intervenir, malgré le proverbe conjugal qui défend de mettre le doigt entre l'arbre et l'écorce; et, sous le risque d'être battu des deux côtés, nous prenons la parole pour faire à chacun des deux époux leur juste part.

5.

Nos lecteurs se rappellent que le fermier se proposait d'organiser sa main-d'œuvre en faisant vibrer dans le cœur de l'ouvrier d'autres cordes que celle de la hausse du salaire, en combattant les attraits des villes par les attraits d'une vie de famille assurée, et en associant cette vie de famille aux intérêts de la ferme.

Tout le monde comprendra que ce n'est pas une médiocre affaire que de régler équitablement, et **surtout** *pratiquement,* les conditions matérielles de cette espèce d'association entre le maître et l'ouvrier. Il est très-difficile de s'écarter du régime sec et absolu des domestiques à *gages fixes* pour aborder un mode de rémunération proportionnelle qui rattache l'ouvrier, par des liens durables, à la ferme qu'il contribue à cultiver.

Il est nécessaire, avant tout, d'assurer complétement le service de l'exploitation; puis, d'intéresser l'ouvrier en basant une partie de ses avantages sur une *jouissance en nature* susceptible de développer et de caractériser son individualité par l'accession de sa famille; mais pour en arriver là, il faut découvrir la limite précise de la concordance des intérêts réciproques. Enfin, condition absolue, l'intérêt personnel de l'ouvrier ne doit pouvoir, en aucun cas, nuire à l'unité de la direction; car le chef de la ferme, seul capable de la bien diriger dans les voies agricoles **progressives,**

seul responsable du payement du fermage, seul pos-
sesseur du fonds de roulement, doit rester *le maître*,
sans qu'aucune autre volonté vienne atténuer son commandement, sans que personne ait le droit d'élever
un conflit ou de susciter un obstacle à l'exécution
immédiate de ses ordres.

Le métayage qui règne dans une partie de la France,
surtout dans le Midi, ne répond pas aux exigences du
problème. Il constitue, il est vrai, une association
entre le propriétaire et le travailleur manuel; il donne
bien à celui-ci l'apparence d'un cultivateur indépen-
dant et d'un chef de famille libre; mais il n'est pra-
ticable qu'avec une culture essentiellement routinière,
dans laquelle la succession des travaux est déterminée
d'une manière presque invariable; il est incompatible
avec une grande culture progressive, puisque, dans
ce contrat, l'initiative et la responsabilité des travaux
agricoles appartiennent en principe à l'ouvrier, c'est-
à-dire à celui qui, par position, est censé le moins
capable. Le métayer, d'ailleurs, est rémunéré seulement
par une portion de la récolte qu'une mauvaise année
climatérique peut annuler; il faut alors venir à son
secours, et son indépendance apparente devient bientôt
un leurre.

L'intelligent fermier de la ferme de C..., où nous
sommes, ne pouvait, lui ingénieur agricole et praticien

distingué, laisser à des inférieurs ignorants la conduite de son agriculture. Chrétien éclairé, uni à une femme pieuse également éclairée, il lui aurait répugné de consacrer chez lui le système d'une indépendance menteuse alliée à cette pauvreté incertaine qui sollicite l'aumône déguisée.

De là est née la combinaison dont voici les détails généraux :

Le fermier pose pour première condition aux chefs de famille de sa colonie d'être *dans sa main* comme des domestiques de ferme *à gages fixes*, et, par conséquent, de lui réserver exclusivement tout leur travail. Ces hommes remplissent, dans l'exploitation, les fonctions de laboureurs, de bouvier, de vacher, de charretier, de jardinier, de porcher, de fromager, d'irrigateur et de cantonnier. Ils ont chacun une somme fixe annuelle, les uns de 260 francs, les autres de 300 francs, sans être nourris.

Chacun d'eux est logé dans une des maisonnettes du domaine, qui était précédemment divisé en huit ou neuf fermes. Le logement est susceptible de recevoir la famille : femme, enfants et vieux parents.

Une maisonnette sert au moins à deux ménages, qui ont chacun leurs chambres à coucher séparées, mais jouissent ensemble d'une vaste cuisine et d'un jardin partagé en carreaux.

C'est là qu'il a fallu déployer un merveilleux esprit de justice pour faire vivre ensemble ces familles qui ont journellement des points de contact si nombreux !

C'est là que la patience et les qualités intimes de la femme de notre bon fermier ont joué un rôle prépondérant, et qu'une ingénieuse prévoyance toute féminine, qu'une surveillance attentive de toutes les causes de discussion, ont eu leur application efficace !

Des conseils aimables dispensés par un caractère enjoué, des réprimandes justes adressées avec bienveillance, des actes de fermeté accomplis avec un sentiment religieux, des récompenses données avec bonheur, ont manifesté dans toute leur plénitude les fécondes qualités de Mme la fermière ; et c'est avec justice que son heureux mari a pu s'écrier : « J'aurais échoué, Mesdemoiselles, sans le concours de ma *chère moitié !* »

Après avoir organisé le logement de l'ouvrier, il fallait pourvoir au complément de sa nourriture et à la nourriture de sa famille.

Chaque ménage a la jouissance exclusive de quinze à vingt ares de jardin et une provision de cent fagots de bois taillis. On lui permet d'entretenir six poules ; on lui donne un toit pour deux porcs, et il peut mettre une vache dans l'étable attenant à la maisonnette, à côté des bœufs de travail. Une allocation de 1 000 kilogrammes de foin pour l'hiver, et le pâturage d'été, assurent le fond de nourriture de cette vache. Le complément se recueille dans les produits de soixante ares de terrain cultivés à moitié fruits par la famille, et ensemencés en maïs, pommes de terre et sarrasin. Le fumier de la vache appartient au fermier.

Le travail que la femme et les enfants exécutent leur est payé à part, selon les tarifs du pays; il est réservé au fermier de préférence à tout autre; la famille le lui doit dès qu'il le requiert. C'est par cette condition qu'est assurée la menue main-d'œuvre supplémentaire indispensable à certains moments; difficile problème, simplement et moralement résolu à l'avantage de l'ouvrier, dont la femme et les enfants, trouvant sur place du travail pour 110 à 120 francs par année, emploient le reste de leur temps à leur jardin, aux soins des animaux et à la culture partiaire des soixante ares concédés à moitié fruit.

Les animaux des ménages sont gardés en un troupeau commun à l'époque de la pâture.

Le fermier a prévu les cas de mortalité des bestiaux, et, pour épargner à la famille frappée d'un tel malheur le recours à la charité, il a formé, entre elles toutes, une assurance contre les sinistres qui peuvent survenir dans le bétail.

Cette sollicitude ne pouvait s'arrêter aux animaux:

aussi les membres de la famille atteints par la maladie reçoivent-ils gratuitement les soins du médecin et les remèdes. Les mères gardent à tour de rôle les enfants; on comptait, il y a quelques années, une soixantaine de jeunes garçons et de jeunes filles qui venaient faire leur *christmas* à la Noël dans le salon du manoir, où les attendait un arbre géant chargé de cadeaux intelligents. On juge de la joie et du tapage!

Après une dizaine d'années d'installation, cette colonie reçut la visite d'une réunion composée d'hommes distingués venus des départements limitrophes, grands propriétaires, savants et cultivateurs praticiens. Voici le jugement qu'en a porté l'un d'eux, héritier d'un nom illustre, et devenu depuis membre de l'Institut :

« Aujourd'hui on compte vingt-trois familles organisées. La sérénité, la paix, la santé, règnent à tous ces foyers. Tout, depuis la chambre principale jusqu'aux moindres détails, y est propre, rangé et bien tenu. Les enfants y sont gais, polis et bien portants. Au commencement, le recrutement fut très-difficile; on dut se contenter de familles dont le moindre défaut était une misère profonde accrue d'une moralité plus que douteuse. Tout est changé : la prévoyance, l'ordre et l'économie ont succédé à l'ivrognerie et à la débauche. On a foi dans l'avenir. Le système est complet; les gens sont éprouvés. Que le sol s'améliore encore, qu'il arrive à produire avec fruit des récoltes plus intensives, tout est disposé pour répondre à ces nouveaux besoins. Mais nous devons dire que si M. de *** (le fermier) a eu l'idée et l'exécution première, il est une âme élevée qui préside sans cesse à cette bonne harmonie : c'est celle de Mme de *** (la fermière). Il est beau de commencer, mais il est parfois mieux de continuer. »

Nous n'ajouterons rien à cette constatation, dont les derniers mots, rapprochés de ceux qui exposent ce succès matériel, semblent placés tout exprès par M. Paul Th... pour confirmer la thèse du présent chapitre : à savoir, que le *rôle des femmes dans l'agriculture* n'est pas seulement celui d'une ménagère, ni seulement non plus celui d'une dame charitable, mais qu'il peut produire de bons résultats financiers, et en même temps répondre aux plus ardentes ambitions de la morale; en d'autres termes, que le *rôle des femmes dans l'agriculture* contribuera puissamment à fonder le bien-être et les bonnes mœurs dans les familles les plus arriérées.

DEUXIÈME PARTIE

INSTRUCTION ET APPRENTISSAGE

DE LA

FEMME AGRICOLE

ESQUISSE ET CONDITIONS

D'UN

INSTITUT RURAL

FÉMININ

X

DU MARIAGE ENCORE ET DE LA DOT

Le mari : . . . . . . De mon costé, tout ce que j'ay au monde, je le mets en commun et le déclaire tel : et aussi tout ce que tu apportas, tu le fis commun de mesme. Et n'est jà besoing maintenant de conter par les menus, lequel de nous deux a plus mis en la communauté : mais il faut tenir cela pour certain que celuy qui sera le meilleur et le plus industrieus parçonnier, c'est celui qui confère le plus en société.

Xénophon,

La Mesnagerie (traduction de
Estienne de la Boëtie).

ARGUMENT

L'auteur ayant montré, dans la première partie, plus de beurre que de pain, voudrait s'occuper désormais du pain plus que du beurre. — Il signale aux horizons prochains et lointains l'apparition d'un ménage normal, où la femme justifiera son influence par des connaissances acquises dans une éducation spéciale.

Communication de conseils est requise en tout mesnage bien dressé : estant quelquefois à propos, selon les occurrences, que l'homme die son advis et se mesle des moindres choses de la maison, et la femme des plus sérieuses.

OLIVIER DE SERRES.

Nous nous sommes efforcé, dans la première partie, de mettre en scène le rôle intellectuel et moral que joue la femme dans la direction d'une ferme. Le sujet n'a été qu'effleuré, mais assez au vif toutefois pour provoquer des méditations chez les lectrices de ces pages, en leur laissant entrevoir la perspective d'une existence simple et honnète, consacrée à la vie des champs. Facultés de l'esprit et passion de savoir, besoins matériels et santé, contemplations de l'idéal et légitimes aspirations du cœur, tout y trouve satisfaction et libre développement.

Mais nous n'aurions accompli qu'une partie de notre tâche, si nous nous bornions à montrer la façade ornée et les abords fleuris de la maison agricole; car à côté des joies du foyer règnent d'austères devoirs, et par delà le parterre s'étendent des champs difficiles. Sans doute, c'est au mari que revient la plus grosse portion des labeurs et du poids des affaires, mais une épouse digne de ce nom ne le laissera pas seul à la lutte : qui aspire à l'honneur ne craint pas le poste où veille la peine.

Risquerions-nous, par ces paroles, de jeter l'hésitation sous les pas des jeunes personnes et des parents qu'auraient à moitié séduits les images plus engageantes que nous avons fait passer sous leurs yeux dans le cours des pages précédentes? — Non! tous comprendront qu'il fallait avant tout déraciner les préjugés qui compromettent l'agriculture et la rangent parmi les métiers grossiers, routiniers, malpropres, durs et dénués de toutes ressources pour l'imagination ou pour les sentiments. Personne n'a pu s'y méprendre, ni confondre la vie agricole grave et féconde

que nos articles veulent faire aimer, connaître et servir, avec la vie dissipée et stérile des châtelaines de
circonstance, pour qui le séjour des mois d'été au
milieu d'un parc n'est qu'un adroit moyen d'apporter de
la variété dans les fêtes et dans les parties de plaisir
dont elles remplissent l'hiver au sein des grandes cités.

Tous les lecteurs sensés ont reconnu que le concours de la femme agricole ne peut être efficace sans
bonne volonté et sans travail. Ils reconnaîtront également, en creusant profondément le sujet, qu'une éducation préparatoire, douce et graduée, est nécessaire
pour les jeunes personnes dont les parents sont forcément cloués à la ville. Ce n'est pas qu'on ne voie parfois des mariages entre propriétaires faisant valoir
leurs terres, et demoiselles sortant de pension sans la
moindre notion des champs; mais généralement, dans
ce cas, la femme n'est pas destinée à prendre une
part active dans l'administration de la fortune territo-
riale du mari : son rôle sera celui de simple maîtresse
de maison, comme il l'aurait été dans la ville, à la
seule différence qu'on vivra dans un manoir et à la
campagne. — Ce ne sont point les unions de cette
nature que nous avons précisément en vue, bien qu'on
puisse, presque à coup sûr, leur prédire une longue
période de contentement ou de dégoût, selon le plus
ou moins d'intérêt éclairé que la jeune fille, devenue

femme, saura associer aux préoccupations et aux sollicitudes de son mari.

Nos paroles s'adressent surtout aux familles ur-
baines qui, à défaut de grosses dots, à défaut même
de toute dot, se proposeront fermement d'enrichir
leurs filles d'un fonds de connaissances pratiques dans
l'art de l'agriculture, avec l'espérance que des jeunes
gens bien élevés et voués à la vie agricole, viendront
les choisir, en raison des qualités qu'elles auront acquises, pour exploiter ensemble une ferme et fonder
une famille.

Ces jeunes gens mettront leur bonheur dans l'espoir
de ce concours sinon expérimenté, du moins éclairé;
car l'expérience ne s'acquiert qu'en pratiquant.

Ils seront convaincus qu'ils pourront faire part à
leurs femmes de leurs projets d'amélioration et de leurs
plans; qu'ils parleront la même langue et se comprendront à demi-mot; qu'ils sauront combiner à deux
les moyens d'exécution et y tenir la main chacun de
son côté; qu'ils parviendront à mettre d'accord les
opérations de l'intérieur avec celles de la culture ex-
térieure. Les deux époux seront assurés que la surveillance de l'un suppléera ou complétera la surveillance de l'autre, que l'intelligente économie de la femme
ne contrariera pas les dépenses fructueuses du mari,
et que les entraînements du mari dans les voies pro-

gressives seront doucement limités par les prévoyantes appréhensions de la femme. En un mot, ils seront de véritables associés complémentaires l'un de l'autre, ayant un même but, un même intérêt, une confiance entière et réciproque ; et, — ce qui n'a lieu que dans l'association conjugale, — ils seront associés encore dans la consommation des fruits de leur travail.

Tout cela nous ramène à l'organisation d'un Institut rural destiné à l'éducation professionnelle agricole des femmes. Notre intention est de consacrer quelques-uns des chapitres qui suivent à déterminer les conditions d'un institut de cette nature et à développer la série des obligations réservées à l'épouse d'un agriculteur dirigeant une ferme.

XI

ALTERNANCE DE VILLE A CAMPAGNE

Adieu donc, Paris! ville de bruit, de fumée et
de boue! Nous cherchons l'amour, le bonheur,
l'innocence; nous ne serons jamais assez loin de
toi !

J.-J. Rousseau,
Émile.

Par une superbe nuit dans la montagne, —
elle était auprès de moi, accoudée sur le balcon
et contemplait les étoiles. — Ah! se prit-elle à dire
en soupirant, les étoiles sont bien plus belles à
Paris, lorsqu'en hiver elles se mirent dans les
ruisseaux du faubourg Montmartre !

Henry Heine,
Atta Troll.

ARGUMENT

Contraste de l'agitation des villes et de la paix des champs.
— L'une passe à l'autre, et réciproquement. — Classes sociales auxquelles convient surtout un Institut féminin. —
Situation fausse des demoiselles sans fortune, issues de
familles titrées ou de professions libérales. — Dignité et
pauvreté ont grand'peine à faire alliance!

HÉLÈNE.

Oh! mon père! mon père... à quelle humiliation
ta fille est-elle réduite... et pourquoi, en me laissant
la pauvreté, m'as-tu légué la noblesse? Si j'étais une
fille de paysan, je travaillerais à la terre; si j'étais
ouvrière, je gagnerais ma vie dans les manufactures...

Les Doigts de fée.

Nous avons plusieurs fois indiqué la nécessité d'un
Institut rural pour l'éducation agricole des jeunes personnes. Comment, en effet, sans un établissement de
cette nature, répondre aux désirs des familles forcément fixées dans les villes? c'est là précisément qu'il
faut s'attendre à voir pointer ces désirs. Rien ne dispose mieux à soupirer après la vie des champs qu'un

long séjour, sans trêve ni merci, pendant les quatre saisons de l'année, au milieu des hautes maisons et des rues interminables.

C'est une existence bien compliquée et bien excitée que celle des villes! Toujours des moellons et des pavés, du bruit et de la foule; jamais de solitude ni de calme. Les matinées s'écoulent au sombre dans le fond des cours, les soirées sous l'éblouissement du gaz, les journées à écrire dans un bureau ou à coudre sur une chaise; des bouffées d'égout vous happent au coin des trottoirs, et des réminiscences de cuisine vous poursuivent jusque dans les chambres à coucher! Lorsqu'on a passé sa vie dans de pareilles conditions, qu'on y a élevé ses enfants, qu'ils y ont vécu, et qu'on y a vu naître et grandir les enfants de ses enfants, on y gagne et l'on transmet à sa famille une passion fiévreuse pour une existence aérée, en face des horizons lointains, et pour les promenades dans les hautes herbes, sous la voûte des arbres; on aspire avec rage à se plonger dans les senteurs des bois, des champs et des parterres, pour effacer les souvenirs des odeurs de Paris.

Il est, d'ailleurs, dans la nature humaine de se lasser du connu et d'aller en quête du nouveau. Les efforts les plus énergiques pour retenir les âmes ardentes séduites par le mirage des villes leur seront

plutôt une excitation à déserter les campagnes, tandis
que les citadins, saturés du tumulte des aggloméra-
tions populeuses, aimeront à se redire à eux-mêmes,
et sans qu'on le leur rappelle, cette pensée du poëte
latin : « O trop heureux les hommes des champs lorsqu'ils savent apprécier leur bonheur! »

Si l'on prend les masses pour objectif en négligeant
l'individu, on arrive bientôt à se convaincre que ces
situations si différentes, l'une vouée aux travaux de
la culture, l'autre enchaînée aux occupations de la
ville, ne sont durables ni l'une ni l'autre. Chacune
d'elles doit épuiser un assortiment de qualités, de
facultés, d'appétits et de désirs naturels, tandis qu'elle
en laisse d'autres sans emploi et sans satisfaction.
S'il était permis d'appliquer aux groupes humains les
principes que la science et la pratique ont sanc-
tionnés sur la fécondité des sols, on proclamerait qu'il
leur faut aussi des *jachères* ou des rotations dans
leurs travaux. Oui, en creusant à part soi ce sujet et
en passant les détails en revue, on se convaincra de
plus en plus que les professions exercées dans les
villes et les professions agricoles devraient se succéder
entre les membres d'une même famille; qu'elles for-
ment les deux termes d'une sorte d'alternance aussi

nécessaire dans les sociétés humaines qu'entre les récoltes successives d'un même terrain.

Cette affirmation quant aux vocations, aux aptitudes, aux qualités intellectuelles et morales, serait encore plus facile à justifier quant aux qualités physiques et sanitaires des masses.

C'est donc la ville qu'il faut catéchiser pour le retour aux champs; c'est dans la ville que résident les familles destinées à alimenter un Institut féminin d'enseignement agricole.

Nous avons montré, dans la première partie, que toutes les classes de la société pouvaient, à des degrés divers, trouver dans l'agriculture des occupations attachantes et fructueuses en harmonie avec leurs conditions d'existence. Pour les unes, ce sera la haute administration de leurs grands domaines ; pour les autres, la régie, le fermage, ou le faire-valoir de terres importantes ; pour les moindres, l'exploitation d'une métairie ou la culture directe de quelques lopins d'héritages. — Ce n'est ni aux premières ni aux dernières que conviendra un Institut rural féminin, c'est évidemment à la classe moyenne qu'il est destiné.

Quelles sont, en effet, nos deux propositions? — L'une est que la grande majorité des jeunes filles des classes moyennes, sans dot suffisante, doit être mise

en état de faciliter son mariage en apportant à son
époux une profession utile; — l'autre est que la profession la moins limitée dans ses débouchés, la plus
convenable moralement et physiquement, la mieux
abritée contre la concurrence, celle où la femme ne
déserte en la pratiquant ni sa maison ni la surveillance
de ses enfants, celle où elle se trouve, en outre, associée directement, honorablement et à *titre égal* à la
profession de son mari, c'est la *profession agricole.*
— Cela admis, il saute aux yeux que c'est pour les
futures épouses des régisseurs, des grands fermiers,
des propriétaires faisant eux-mêmes valoir leurs domaines par domestiques, qu'il faut créer un établis-
ment dans lequel les jeunes personnes de la classe
bourgeoise ou de la classe militaire puissent s'initier à
l'agriculture pratique et théorique. Certes, cet établissement ne sera inutile ni en haut ni en bas de l'échelle
sociale; mais dans ces deux extrèmes on pourra s'en
passer, car ni châtelaines ni paysannes n'en ont besoin
pour se marier, ayant les unes leur dot en caisse, et
les autres leur gagne-pain assuré par la vigueur de
leurs bras exercés aux travaux de la culture et par la
connaissance de la ferme.

Précisons encore mieux, car il faut bien savoir à
qui l'on s'adresse pour dresser un programme d'édu-

cation appropriée; et, laissant de côté les familles titrées sans fortune, qui ne sont pas rares cependant,
supposons-nous en présence d'une de ces situations
distinguées, libérales, éclairées, telle, par exemple,
que celle d'un bon employé, d'un chef de bureau dans
un ministère, ou d'un chef de division dans une grande
administration particulière. C'est un type que tout le
monde connaît; chacun pourra en ôter ou y ajouter
selon sa propre position spéciale, et tempérer à son
usage personnel la note trop aiguë ou trop grave que
nous aurons à émettre.

Analysons donc cette existence intime d'un homme
instruit, élevé, capable, sans fortune personnelle,
marié à une femme du même sort, ayant deux ou
trois enfants. Nous serons bientôt douloureusement
émus du contraste que présentent sa vie actuelle et la
vie que l'avenir réserve à ses filles bien-aimées. Sa
capacité, ses connaissances et ses mœurs, développées
encore par ses fonctions, le mettent de pair avec les
hommes distingués des classes riches. La nécessité
de se maintenir à la hauteur de sa place et de ses relations ne lui permet pas de demeurer étranger aux
progrès politiques, scientifiques et littéraires de la
nation, ni de renoncer à suivre le monde de près ou de
loin. De là, utilité de livres et de journaux, nécessité
de toilette, obligation d'assister à des réunions dans

le monde et aux grandes fêtes de l'art lyrique ; convenance irrésistible de donner aux enfants une éducation soignée, et de réserver à sa famille un intérieur en harmonie, autant que possible, avec sa position sociale... Que de pénibles détails lorsque cette famille a grandi !... Admettons qu'à force de soins, d'économie, de privations intimes, de sagesse et de force d'âme surtout, on parvienne à *joindre les deux bouts;* que pourra-t-il rester pour construire en quelques années la dot d'une ou deux filles ayant reçu à la pension une bonne éducation de demoiselles et partageant au logis l'existence libérale des parents ? Avec cette éducation et ces habitudes, elles redouteront une alliance qui les ferait dames de comptoir ou de magasin ! Cette alliance même serait d'ailleurs difficile à trouver, car ces jeunes personnes n'appartiennent point à ce monde des affaires, où la classe bourdonnante et occupée des commerçants aime à chercher des compagnes. D'un autre côté, la raison leur défend ou défend à leurs parents de les laisser s'unir à des jeunes gens de leur condition, qui ne seraient pas mieux pourvus du côté de la fortune, et à qui elles ne pourraient apporter aucun concours de gain ou de revenu dans les modestes fonctions libérales qu'ils peuvent remplir à leur âge.

Plus les chefs de famille dont nous venons d'ana-

lyser succinctement la situation sonderont soigneusement les obscurités de l'avenir, et plus ils seront con-
sternés des nuages qu'ils y verront accumulés et des cas
de détresse semés dans les espaces ouverts sous les
pas de leurs filles, qui n'ont guère en perspective que
la carrière de l'enseignement. Institutrices ou dames
de compagnie, voilà le meilleur de leur avenir ! Quant
aux travaux d'aiguille, il n'y faut pas songer pour
gagner ses moyens d'existence, puisque les ouvrières
de naissance et de profession n'y peuvent parvenir
qu'avec une peine indicible, en vivant comme des ouvrières et à l'aide d'une habileté de main formée par
un travail acharné, sous l'aiguillon de la faim et souvent sous les coups de leur maîtresse d'apprentissage.

N'insistons pas sur de pénibles détails ; mais repre-
nons notre voie de salut, la carrière agricole, et cherchons à nous rendre compte des conditions que doit
remplir un Institut rural, approprié à la classe de jeunes
personnes que nous venons de définir comme appartenant à la classe moyenne et comme tenant à des familles distinguées par leur position libérale, **soit ci-
vile, soit militaire.**

XII

DES CONDITIONS D'UN INSTITUT RURAL

FÉMININ

Il n'est pas de grande phase dans la civilisation, pas d'événement considérable dans la vie d'une nation qui ne soient intimement liés à un enseignement élevé et profond, ou qui ne soient préparés par lui, — dans les temples mystérieux de l'Inde et de l'Égypte, — sous les portiques d'Athènes, — dans les plaines de Judée, — ou dans les cloîtres et les universités. L'enseignement professionnel se développe dans des conditions semblables ; son degré d'avancement est aussi la manifestation la plus vraie de la propriété industrielle et commerciale ; il demeure le signe de sa puissance.

TISSERAND,

Questions relatives à l'enseignement agricole.

7

ARGUMENT

L'Institut sera en pleine campagne. — Quelques hectares
suffiront. — Limites des attributions de la femme agricole. — Visites aux fermes voisines pour compléter l'instruction acquise dans l'horticulture et dans les champs
d'étude. — Caractère impulsif et modérateur de la femme.

La nature s'agrandit en nous et se multiplie, en
quelque sorte, par une éducation salutaire.

BACON.

A la fin du dernier chapitre, nous en étions à poser
les conditions organiques de l'Institut rural indispensable à la jeunesse féminine tirée de la bourgeoisie
des villes.

Et d'abord, où doit-on placer un établissement de
cette nature?

En pleine campagne, répondrons-nous aussitôt; dans
un paysage riant et champêtre, où, du plus loin qu'at-

teigne la vue, rien n'apparaisse qui puisse réveiller le souvenir mal éteint de la ville : ni les tours d'une cathédrale, ni cette teinte blanchâtre dont les lumières d'une grande cité lavent légèrement le bleu de la voûte céleste.

C'est à la campagne seulement que les jeunes personnes s'initieront à la fois à la *pratique* et à la *théorie,* deux éléments aussi nécessaires l'un que l'autre pour une bonne éducation ; c'est là qu'elles se formeront à la *vie active* d'une femme d'agriculteur.

Olivier de Serres, ce Languedocien demi-provençal, qui sut conquérir l'estime de son royal contemporain le Gascon Henri IV, très-connaisseur en hommes de bonne trempe, Olivier de Serres a dit quelque part : « La règle de bien faire est la liaison de la *science* et de l'*expérience,* à quoi il faut ajouter la *diligence,* afin que le laboureur ne pense pas devenir riche par discours et remplir son nid les bras croisés ; car on demande du blé au grenier et non en peinture. »

La diligence, ou l'activité, doit être, en effet, la première qualité d'une femme agricole : l'activité matinale surtout, ce gage certain d'une fraîche et solide santé. Cette activité ne devra point aller, cependant, jusqu'à la fatigue pour la classe de jeunes filles qui nous occupent et qui ne sont point destinées à passer leur journée dans les champs.

Les terres attachées à un Institut rural destiné à la jeunesse féminine ne doivent pas être considérables. Les élèves ou apprenties n'y auront point, comme dans les instituts de jeunes gens, de charrues à conduire, de céréales à moissonner, ni de foin à couper. Pour le but que l'on doit se proposer, il serait inutile d'adjoindre à l'Institut rural une exploitation importante, qui n'amènerait que de mauvais résultats financiers ; l'expérience en a souvent été faite, et le raisonnement s'accorde avec l'expérience.

On conçoit que si l'incompatibilité n'est pas absolue, *logiquement parlant,* entre le professeur passionné pour la science et le cultivateur avide de profits, elle existe cependant presque toujours en fait. En voici la raison : l'enseignement agricole doit être donné à un point de vue *général,* et comprendre les diverses variétés de sols et de climats, ainsi que les diverses conditions économiques de main-d'œuvre, de routes, de débouchés, etc. ; il doit aussi s'appliquer aux cultures d'un fort grand nombre de plantes dont la plupart pourront ne pas convenir au sol; il doit enfin être l'objet d'essais, d'études, d'expériences, pour l'instruction des élèves. Tout cela coûte et ne rapporte rien. — Pour assurer le profit, au contraire, il ne faut cultiver que ce qui rapporte; il faut concentrer son attention sur un petit nombre de points, et *spécialiser* ses soins en raison de la nature particulière du domaine et du pays qu'on habite.

Il serait d'autant moins nécessaire d'annexer à notre Institut rural une grande terre, que les femmes sont rarement appelées à la direction complète d'une exploitation rurale; elles n'ont guère à y contribuer que dans un cercle restreint, et leur rôle futur n'est pas tant d'en reculer les limites, tracées par l'expérience, que de s'y mouvoir avec des connaissances plus étendues et plus *scientifiques*. C'est à elles d'y faire naître ces embellissements qui rendent plus aimable la vie à la campagne, et surtout d'y superposer à des soins purement matériels, à des travaux vulgaires, ces attentions intellectuelles et morales qui, inspirées par une plus pénétrante intuition des choses agricoles, élèveront peu à peu le caractère des serviteurs, démontreront que les maîtres occupent à bon droit le premier rang, et envelopperont insensiblement tout le personnel de de la ferme, y compris le mari, dans une atmosphère de douceur, d'ordre, de respect mutuel, de fidélité au devoir et de sentiments bienveillants.

L'intérieur du ménage, la nourriture des gens de la ferme, la direction de la basse-cour, la surveillance des jardins potager et fruitier, la laiterie, voilà le principal des occupations de la femme; tout au plus est-elle chargée, dans une certaine mesure, de l'étable des vaches laitières et de la conservation des produits dans les granges et greniers.

Pour former à ces détails les jeunes filles de l'Institut rural, on juge aisément qu'on n'aura pas besoin de posséder plus de douze à quinze hectares autour des bâtiments. Quant aux opérations de la grande culture, il sera facile d'en donner une notion suffisante par des visites organisées, aux époques convenables, chez les fermiers habiles du voisinage et des environs.

Au surplus, tout le monde sait que la culture des champs est une extension de la culture des jardins. L'agriculture n'est autre chose que de l'horticulture avec des moyens plus économiques, avec des soins moins minutieux ; — ses procédés ont le même but, seulement ils sont plus imparfaits afin de pouvoir être exécutés rapidement et sur une large échelle ; — elle exige les mêmes conditions climatériques pour des opérations similaires, mais elle en est moins maîtresse, à cause de la longue durée qu'exigent les travaux pour une plus grande surface ; — elle est contrainte de se contenter d'un sol dont la préparation sera grossière et la fumure médiocre ; mais son idéal serait de confier ses semences et d'appliquer ses façons de culture à une terre de jardin aussi meuble et aussi bien fumée que celle des carrés de légumes et des plates-bandes du parterre.

L'agriculture n'étant donc que de l'horticulture agrandie et moins parfaite, on comprend que cette dernière, aidée des visites aux fermes environnantes, puisse et doive suffire amplement pour l'instruction agricole des jeunes filles, des futures épouses d'un agriculteur.

Les principes de botanique, de zoologie, de physico-chimie, de physiologie, enseignés par les professeurs pour la conduite du potager, du verger, des industries ménagères, des animaux de basse-cour, sont également applicables aux plantes des champs, aux grandes industries agricoles et à tous les animaux qui peuplent une ferme. Les modèles que l'on mettra sous les yeux des jeunes personnes, dans la sphère de leurs attributions futures, sont aussi, précisément, ceux dont la grande culture et les grandes spéculations animales doivent s'efforcer d'approcher de plus près. Ainsi, en se bornant à l'enseignement de ce qui constitue les fonctions restreintes de la femme, on la place en même temps sur la voie de toutes les connaissances nécessaires à l'ensemble de l'exploitation agricole.

Une demoiselle dont l'instruction pratique aura été conduite d'après les bases que nous avons posées, sera en état de s'associer à son mari pour diriger une grande ferme; elle saura le comprendre et l'apprécier dans ses projets et dans ses prévisions agricoles; et même, par la qualité supérieure de son instruction plus serrée et plus fine, elle sera disposée à poursuivre avec plus d'ardeur la perfection en toutes choses; d'ailleurs, ses tendances plus prononcées vers l'ordre et vers le beau l'inclineront doucement aussi du côté du progrès. Mais, par contre, son esprit minutieux, ses instincts conservateurs, ses habitudes d'économie, la timidité caractéristique de son sexe, la décideront à souffler les conseils de la prudence à l'oreille de son mari pour l'exécution des actes dont elle lui aura fait cependant prendre elle-même l'initiative.

C'est ainsi qu'elle remplira sa double mission d'*inspiratrice* et de *modératrice*.

Nous verrons prochainement que l'enseignement scientifique de l'Institut rural concourra de la même manière, et peut-être avec plus de puissance, au rôle élevé que l'avenir garde en réserve, pour les femmes qui se voueront à la carrière agricole.

XIII

PROGRÈS ET ROUTINE

Tout ce qui finit porte toujours sa morale
avec soi.

Mme DE SOUZA,

Adèle de Sénanges

ARGUMENT

Définition abstraite de l'agriculture. — Des sciences qu'elle applique. — La routine agricole s'accommodait avec l'état social des anciens peuples. — L'état actuel de l'agriculture ne peut se passer d'un enseignement scientifique. — L'enseignement simultané des sciences et de leurs applications convient au caractère moral des femmes et le perfectionne.

> Il ne fault pas seulement attacher le sçavoir à l'âme, il l'y fault incorporer ; et s'il ne l'en change et méliore son estat imparfaict, certainement il vault beaucoup mieulx le laisser là ; c'est un dangereux glaive et qui empesche et offense son maistre s'il est en main foible et qui n'en sache l'usage.
>
> MICHEL DE MONTAIGNE.

Considérée d'un point de vue abstrait et élevé, l'agriculture se dévoile comme l'art de *diriger*, vers un but de production déterminée, *les actes de la vie* dans les végétaux et dans les animaux. Elle a donc sa base dans les sciences naturelles, dont les unes, observant, décrivant, mesurant les phénomènes tels qu'ils se produisent, en déduisent *des lois*, tandis que les autres, expérimentant et combinant ces lois, parviennent à produire des résultats prévus et désirés.

Lorsque l'agriculteur confie une semence à la terre, il doit en connaître les propriétés, prévoir les phases qui se succèdent dans le développement de la végétation, mesurer les exigences de la plante et préparer les moyens d'y satisfaire, la faire vivre, enfin, dans des conditions qui rendent la récolte fructueuse; en ce faisant, il appliquera les enseignements qu'il aura reçus de la *botanique* et de la *physiologie végétale.* — La plante vit sur un sol qui, par son infinie variété, joue un rôle prépondérant sur la végétation. Qu'est donc le sol de la ferme? Quelles sont sa densité et sa ténacité? Comment laisse-t-il circuler l'eau dans son sein? Que devient-il à la chaleur, au vent, à la pluie? Pour apprécier ces diverses circonstances, il est utile d'avoir des notions de *physique.* — Mais la nature intime de ce sol n'a pas une moindre importance, puisque la plante ne peut se former sans lui enlever et s'approprier quelques portions de ses éléments constitutifs : de là, nécessité d'être éclairé sur l'origine, la formation, la composition du terrain de la ferme; et c'est ce qu'enseignent d'abord la *minéralogie* et la *géologie,* dont il suffit d'avoir quelques aperçus, puis surtout la *chimie,* science éminemment expérimentale que l'on pourrait, en quelque sorte, considérer comme la *physiologie des corps inorganiques*. — Enfin, ce sol, chez qui la plante enfouit et ramifie ses racines en tous sens, devra être divisé, ameubli, émietté, parfois raffermi ; il devra être retourné, renversé, approfondi et fouillé ; purgé de l'eau stagnante, ouvert à l'eau vivifiante. L'homme n'y suffirait point avec ses bras. Viennent donc les instruments à son aide ! Que la *mécanique* lui apprenne à répartir sa force pour triompher par l'adresse et par le temps des plus solides résistances ! Que la *géométrie* et le *génie rural* lui montrent à mesurer les surfaces et les pentes, à tracer des fossés, à drainer, à construire des barrages ! — Ce n'est pas tout : la plante élève sa tête hors du sol et puise dans l'air plusieurs des éléments qui la constituent ; elle vit au soleil, dont elle retient en partie les rayons calorifiques et colorants ; elle supporte la rosée, les ondées, les brouillards, le froid, le sec. Comment la défendre contre les maux, la faire profiter des bienfaits, si l'on ne s'adresse à la *météorologie ?* — Mais la plante n'est pas exempte d'ennemis. L'homme qui la soigne pour s'en nourrir n'est pas seul à la convoiter. De nombreux parasites demandent leur admission au festin et prennent leur place les premiers : les uns cheminent silencieusement, de proche en proche, en se cachant dans des galeries souterraines; d'autres, que leur petitesse rend invisibles, arrivent sur l'aile des vents depuis les plus lointaines contrées; ceux-ci, pillards effrontés, narguent du haut de leurs arbres les malheureux cultivateurs. Il faut être leste à la défense et en chercher les moyens dans l'*entomologie* et l'*ornithologie*. — Voici maintenant d'autres animaux, de dévoués compagnons, qui nous prêtent le concours de leurs forces musculaires, nous abandonnent leurs vêtements d'hiver, remplissent pour nous leurs abondantes mamelles, et nous livrent même leur propre substance. Puisque nous leur ôtons la liberté d'aller, sous l'impulsion de leurs besoins, chercher par monts et par vaux leur prébende journalière, ne contractons-nous pas l'obligation de les faire vivre dans les conditions de leur nature? Ne sommes-nous pas tenus de remplacer, en prévoyance et en sollicitude, les instincts dont ils sont doués? Notre intérêt, enfin, ne nous conduit-il pas à intervenir dans leur manière d'exister pour les approprier aux services variés et spéciaux que nous en attendons? De là surgit l'obligation de s'initier à la *zoologie* et à la *physiologie animale*. — La *comptabilité*, la *science administrative* s'imposent également à l'agriculteur vraiment digne de ce titre; car s'il peut produire dans ses champs des plantes de diverses natures, les récoltes n'en sont pas toutes également avantageuses; il en est même quelques-unes qui pourraient être onéreuses, mais dont les pertes se trouveraient dissimulées dans le bénéfice total de la ferme. Pour avoir la vérité à cet égard, il faut être en état d'établir exactement le prix de revient de chaque récolte par une bonne comptabilité répartissant équitablement les frais utiles sur toutes les cultures. Il convient enfin de suivre les règles d'une bonne administration, sans laquelle le fruit d'efforts assidus et de travaux persévérants disparaîtrait souvent par des fissures insensibles, dans des détails obscurs, par un désordre latent sous l'apparence de l'ordre.

Mais faut-il donc en savoir si long, dira-t-on, pour faire de l'agriculture? Ne cultivait-on pas la terre dans les siècles précédents, et les populations n'obtenaient-elles pas leur nourriture? Si tant de sciences sont tellement nécessaires, comment se tirait-on d'embarras aux époques où presque toutes celles qui viennent d'être énumérées n'existaient même pas de nom?

Oui, sans doute, on cultivait alors, de même qu'on parlait français avant la publication des grammaires. Mais examinons ce qui se passait.

Chez tous les peuples cultivateurs on suivait une routine, formée de connaissances isolées sans lien.

La routine a été, dans chaque époque, le résumé

empirique, le résultat final des observations et des expérimentations des époques précédentes. Elle a été la tradition, le dépôt paternel et national remis aux générations nouvelles par les générations qui se retiraient. Naissant par l'initiative de quelques esprits avancés ou aventureux, consacrée et modifiée par les épreuves réitérées de la masse, la routine se constituait lentement, en chaque contrée et pour chaque plante, par une pratique séculaire, à travers des désastres silencieux, au prix de sacrifices dont le souvenir s'est éteint. Mais si elle se conformait, pour des circonstances déterminées, aux règles les plus apparentes des sciences, elle n'en savait distinguer ni mesurer les effets; en sorte qu'elle se trouvait en défaut dès que l'une des circonstances venait à changer.

Les peuples, alors, apportaient peu de changements aux habitudes prises; ils ne cultivaient qu'un petit nombre de plantes, ne fournissaient à une industrie limitée qu'un faible contingent de produits, n'avaient guère en vue dans leurs cultures que de se nourrir, et en général se nourrissaient mal. Ils avaient, d'ailleurs, du terrain à discrétion, et pouvaient, comme le peuvent encore aujourd'hui les tribus nomades, abandonner, pendant de longues périodes, de vastes espaces à la jachère; ils élevaient dans les plaines incultes et dans de plantureuses forêts des troupeaux considérables;

ils obtenaient, par la cueillette de fruits sauvages, par la poursuite d'abondant gibier, des suppléments très-importants à la nourriture végétale fournie par les terres cultivées.

L'agriculture, en cette situation, pouvait être défectueuse jusqu'à un certain degré et suivre la routine sans que les années médiocres fussent trop désastreuses.

Mais lorsque les phases atmosphériques s'écartaient trop des phases ordinaires pour lesquelles seules les formules empiriques de la routine étaient réellement applicables, les populations, quoique moins condensées qu'aujourd'hui, devenaient la proie des plus affreuses famines.

Les hautes classes s'inquiétaient moins alors des accidents atmosphériques. C'était le règne absolu de la violence et des injustices internationales ; on se ruait sur les voisins plus favorisés pour vivre de leurs provisions. On pouvait aussi laisser impunément périr les esclaves d'inanition, sauf à les remplacer, à la saison suivante, par des courses sur les terres ennemies ; et l'on n'eut guère plus de souci pour les serfs et le menu peuple. L'histoire n'a fait mention que des famines exceptionnelles ; mais que d'êtres humains ont disparu de la surface du globe pour cause de mort lente, par insuffisance continue de nourriture, durant les disettes périodiques ordinaires et les calamités locales qui n'ont point eu l'honneur d'être enregistrées dans les annales !

Qu'on n'invoque donc pas l'exemple du temps passé pour justifier l'ignorance en agriculture et critiquer l'utilité de la science agricole.

Aujourd'hui, l'agriculture est posée comme science, comme application, comme art; cette science, cette application, cet art, sont fort à la portée des femmes, et l'Institut rural dont nous indiquons les bases a pour but de leur offrir cette intéressante initiation.

Si l'homme, comme on l'a dit, s'est mis en marche sous le drapeau de la science, la femme doit le suivre. Elle ne peut rester en arrière quand son mari et quand ses fils avancent. C'est surtout vrai pour la femme de l'agriculteur, organe si important du mécanisme d'une ferme, où les travailleurs sont constamment aux prises avec des forces que la science seule peut soumettre et faire servir à ses desseins. Les temps sont passés où le cultivateur était armé seulement de la vigueur de ses reins et de ses bras, où la femme tenait dans sa vieillesse l'emploi de bête de somme, après avoir rempli dans sa jeunesse celui d'un oiseau en cage, n'ayant d'autre occupation que d'engraisser ou de lisser ses plumes pour plaire au maître pendant les

jours éphémères de la beauté. L'intelligence et l'étude
ont une part de plus en plus large dans les opérations
matérielles, et l'activité féminine peut enfin s'associer,
à titre égal, avec l'activité masculine.

Nous dirons, au prochain chapitre, dans quelles
limites et sous quelles formes appropriées l'enseignement scientifique doit être présenté aux jeunes filles
de l'Institut rural, et nous insisterons surtout sur ce
point : *qu'elles apprendront en même temps et les
principes des sciences et leurs applications;* point
essentiel et fondamental, qui se rattache indissoluble-
ment à la nature d'esprit de la femme et à ses sentiments innés!

« L'ignorance est à l'esprit, dit Mme Roland, ce que
l'aveuglement est au corps; elle retient dans les té-
nèbres et nous empêche d'agir. Le manque d'idées
s'oppose à l'extension du sentiment, comme le défaut
de rosée empêche les diverses productions d'éclore.
Chaque idée est un organe nouveau, un sens de plus
pour l'esprit; mais la culture de l'esprit doit être faite
au profit du cœur; car la morale est la science de la
femme par excellence, et les spéculations stériles, propres uniquement à exercer l'imagination, lui sont beaucoup moins convenables qu'une étude dont l'applica-

tion à la pratique doit être journalière et perpétuelle. »

Ne dirait-on pas que ceci s'adresse précisément à la femme agricole? Comment trouverait-on, dans les villes, cette application journalière et perpétuelle?

XIV

DE LA MÉTHODE D'ENSEIGNEMENT

La recherche des vérités abstraites et spéculatives, des principes et des axiomes dans les sciences, tout ce qui tendra à généraliser les idées, ne sont point du ressort des femmes ; leurs études doivent se rapporter toutes à la pratique. C'est à elles de faire l'application des principes que l'homme a trouvés, et c'est à elles de faire les observations qui mènent l'homme à l'établissement de ces principes.

J.-J. Rousseau,

Émile.

ARGUMENT

**Mode d'instruction applicable à la nature de l'esprit féminin.
Peu de notions abstraites, beaucoup d'applications. — Enseignement** *à posteriori* **plutôt qu'***à priori***. — Programme
général de l'enseignement de première année à l'Institut
rural. — Il faut cultiver l'esprit au profit du cœur. —
Pascal et Faust.**

Commencer par les objets les plus simples et les
plus aisés à connaître pour monter peu à peu, comme
par degrés, jusques à la connaissance des plus com-
posés.

DESCARTES,

Discours sur la méthode.

Les méthodes sont les maîtres des maîtres.

TALLEYRAND,

Discours sur l'instruction publique.

L'enseignement des sciences et de l'agriculture ne
doit point être présenté aux demoiselles de l'Institut
rural comme il l'est aux jeunes gens dans les colléges.
On devra se placer à un point de vue tout opposé.

Au lieu de professer didactiquement et solennelle-
ment dans une chaire, ce sera sur place et à l'occasion des opérations de la ferme, dans les jardins,
serres, laiterie, buanderie, étables et basses-cours,
que l'instruction devra familièrement se donner.

L'abstraction est ordinairement peu sympathique
aux femmes, et ni les principes généraux, ni les théories générales n'ont grande puissance pour les entraî-
ner. C'est surtout par des faits déterminés, par des
applications et par la pratique immédiate, que leur
attention est saisie, leur conduite motivée, leur cœur
intéressé. Gardons-nous donc de leur faire gravir les
montées ardues de la science, en compagnie de ces
longs préliminaires et de ces règles abstraites que
l'étudiant des universités doit d'abord fixer dans les
cases de sa mémoire ; mais promenons tout de suite
notre essaim de jeunes filles dans les routes aplanies
de la pratique, au milieu des applications et des procédés agricoles. Commençons plutôt par la vulgaire
lessive que par les formules de la nomenclature chimique, et montrons-lui comment la cendre et les taches
de graisse font du savon qui se dissout dans l'eau
chaude, avant de lui exposer les théories des affinités,
des alcalis et des corps gras !

D'abord le tangible et le visible ; l'abstrait arrivera
plus tard.

· En d'autres termes, il y a deux modes d'enseigne-ment. L'un, *à priori*, qui part des faits généraux éri-gés en *principes* et descend par des déductions suc-cessives, de particularisation en particularisation, jusqu'aux menus détails; l'autre, *à posteriori*, qui part, au contraire, des détails, des faits particuliers, et remonte par des déductions successives, de géné-ralisation en généralisation, jusqu'aux théories d'en-semble.

Le premier enseignement convient mieux à une certaine classe d'esprits; une autre classe, au con-traire, ne s'accommode bien que du second : c'est dans celle-ci qu'il convient de ranger la masse de la population féminine, comme c'est dans la première que se trouve la masse de la population masculine. Hâtons-nous d'ajouter, cependant, qu'il y a de part et d'autre de frappantes exceptions : de même qu'il se rencontre des femmes remarquablement douées de la puissance d'abstraction, de même on connaît, en sens contraire, *bon nombre d'hommes qui sont femmes.*

A vrai dire, les deux modes d'enseignement doivent se compléter l'un par l'autre. Il faut les donner dans des proportions qui varieront selon le sujet à traiter et selon la nature des intelligences à former. Il serait non-seulement mauvais de n'employer qu'un des modes, mais on se heurterait contre l'impossible; car chacun

d'eux est fonction dé l'autre et deviendrait une abstraction si l'on cherchait à l'isoler absolument.

Ainsi, la première année de séjour à l'Institut rural
féminin devrait, selon nous, être consacrée à des applications agricoles, horticoles et ménagères. On se
fera un devoir de mettre les faits sous les yeux, de
fixer l'attention par la vue et le maniement des choses,
de faire pénétrer les procédés dans la mémoire en
obligeant de les pratiquer; les descriptions auront lieu
autant que possible sur place et sur les objets. La
fabrication du pain, du beurre, des fromages, des
boissons et des conserves, les opérations manuelles
du jardinage, l'alimentation et le soin des animaux,
la préparation des mets pour le personnel de l'Institut, serviront de point de départ pour s'élever à l'ex-
position des axiomes, des définitions, des classifica-
tions, des formules scientifiques. On intéressera ainsi
les élèves, en leur faisant apprécier l'utile intervention
des sciences dans les problèmes journaliers de la vie
agricole.

Une élève quittant l'Institut après cette première
année n'aura point perdu son temps. Toutefois, comme
après ce premier enseignement *à posteriori* l'éducation serait trop incomplète, trop fragmentaire, trop
routinière, on introduira peu à peu l'enseignement *à
priori*. A mesure que les jeunes personnes approche-

ront du terme de leur séjour à l'Institut, elles seront approvisionnées d'une plus grande masse de connaissances acquises, et pourront recevoir utilement des leçons générales de principes et-de formules. C'est ainsi qu'on élargira les horizons de l'intelligence et qu'on rendra susceptibles d'abstraction, sans fatigue et sans efforts, les individualités qui semblaient d'abord les plus réfractaires à cet exercice de l'esprit.

Ces considérations nous ramènent à une plus complète appréciation de la formule qui termine le précédent chapitre, et qui veut *que l'on offre aux femmes une étude dont l'application à la pratique soit journalière et perpétuelle.*

Et d'abord, plus une femme sera occupée de corps et d'esprit à la campagne, et plus elle s'y plaira. L'ennui, ce poison corrosif, attaque surtout celles qui ne savent rien ou qui ne font rien; il ne mordra pas sur celles qui agissent, qui raisonnent leurs actes, qui se sentent utiles et fortes.

Mais il y a autre chose dans les paroles citées. Elles visent plus haut que l'instruction et s'élèvent à la morale. « Il faut éviter dans l'éducation des femmes, dit » Mlle Philipon, deux inconvénients assez communs : » l'un de trop négliger leur esprit, l'autre de ne pas » rapporter toutes leurs connaissances à la perfection » des sentiments », et elle voit avec raison dans les applications journalières un puissant moyen de *cultiver l'esprit au profit du cœur.*

Lorsque, en effet, on ne possède qu'une instruction théorique, on risque de s'égarer dans une rêverie stérile; lorsqu'on ne connaît que la simple pratique, on devient bientôt victime de la routine aveugle. Rêverie, stérilité, routine, aveuglement, tout porte à l'égoïsme. Le praticien pur ignorant les motifs de ses actes et le théoricien pur ne pouvant réaliser ses desseins sont tous deux incomplets. L'être *incomplet* devient forcément malgré lui *injuste,* et l'injustice traîne tous les maux à sa suite. La justice et la moralité résultent de l'accord entre les actions et les pensées, entre la conduite et les principes, entre la pratique et la théorie. C'est dans les applications que les maximes viennent justifier leur vérité; c'est dans la pratique de la vie que la science vient prouver qu'elle est morale. Une idée qui se développe isolément dans les pures régions de l'esprit risque de s'égarer à la poursuite d'une apparence, et de descendre aux abîmes ou d'éclater en désordres, mais dès qu'elle vient se mouler dans une application, elle est ramenée aux conditions de la vie réelle et des mœurs. Lisez attentivement Pascal et sondez les sombres hardiesses de sa pensée, vous n'oseriez affirmer qu'il n'y eût en lui le germe de Faust. Il s'est sauvé de l'abîme par le sentiment de la

réalité, à laquelle il s'est trouvé ramené incessamment
par ses études mathématiques, par son calcul des
chances du jeu, par ses recherches sur la pesanteur
de l'air, par ses inventions industrielles.

Plus nous creusons ce sujet, et plus nous nous
pénétrons de cette profonde vérité, que l'extension
des sentiments et la moralité sont le fruit nécessaire
des *études* dont l'*application* à la pratique est *journalière et perpétuelle.*

Les fonctions agricoles résolvent à souhait pour les
femmes le problème agité par cette maxime.

XV

LA MAITRESSE DE MAISON

FORMÉE PAR L'INSTITUT RURAL FÉMININ

Tout ce qui a rapport au gouvernement intérieur d'une maison : voilà à proprement parler
la science des femmes ; voilà l'occupation que la
Providence leur a assignée comme par préciput,
et pour laquelle elle leur a donné plus de talent
qu'aux hommes ; voilà ce qui les rend véritable-
ment dignes d'estime et de louange, quand elles
sont assez heureuses pour remplir tous ces devoirs.

ROLLIN,

Traité des études.

ARGUMENT

L'art de tenir une maison peu enseigné dans les familles et les pensions. — Avantages de l'Institut rural féminin pour cet enseignement. — Organisation matérielle de l'établissement. — Apprentissages successifs des élèves. — L'auteur recommande expressément la *Maison rustique des dames,* **par Mme Millet-Robinet.**

Formez l'enfant à l'entrée de sa voie; car il ne s'en éloignera point même dans la vieillesse.

Proverbes de Salomon.

Il est un art qu'en général on n'enseigne point, et qu'on ne pourrait enseigner que très-incomplétement, et par échappées, dans les rares pensions de demoiselles, où il n'est pas absolument dédaigné : c'est l'*Art de tenir une maison.* La femme est cependant destinée avant tout à le mettre en pratique, et devient le plus souvent, sans initiation spéciale, titulaire de l'emploi dès le lendemain du mariage. Sans doute un certain nombre de mères de famille prévoyantes exercent graduellement aux soins domestiques leurs filles sorties des pensionnats ; mais un ménage ordinaire à la ville n'est qu'une insignifiante préparation aux nombreux et intelligents travaux qu'impose celui d'une grande ferme.

Nous avons déjà caractérisé, dans la première partie, les situations respectives de ces deux espèces de ménages, et montré pourquoi, lorsque celui de la ville abonde en maussaderies monotones et peut souvent à bon droit être qualifié de corvée, celui de la campagne, au contraire, offre une variété de combinaisons et d'opérations importantes qui élèvent à la dignité de fonction le rôle de la ménagère. Alors la satisfaction et le mérite d'un devoir social accompli ne manquent pas de compenser ou d'effacer les embarras et les fatigues de l'exécution.

Former les jeunes personnes à l'emploi de maîtresse de maison dans une exploitation rurale, ce sera le couronnement de l'instruction et l'objet définitif de l'*Institut rural féminin* dont nous esquissons les conditions organiques.

Le plus difficile n'est pas d'en tracer le programme, car nous le trouverons tout fait, et très-bien fait, par une femme d'un grand mérite, Mme Millet-Robinet, dans son ouvrage intitulé : *la Maison rustique des dames.*

Mais cet enseignement par lecture et par conseil se-

rait insuffisant sans l'enseignement par expérience
personnelle. C'est en forgeant qu'on devient forgeron,
et nous ne craignons pas de dire que c'est dans cette
voie qu'éclateront le caractère essentiel et l'utilité de
l'Institut rural, parce qu'il sera en état non-seulement
de donner des leçons aux jeunes personnes, mais de
les *former* comme ménagères par une pratique étendue
et variée qu'on ne pourrait trouver ni dans la maison
paternelle, ni dans la plupart des fermes ordinaires.

L'Institut rural sera agencé en ferme, non pas en
ferme réelle *de profit*, — nous avons déjà démontré
qu'en poursuivant le bénéfice on négligerait le but
d'instruction générale, — mais en ferme d'étude et
d'expérimentation, en ferme de spécimens, où l'on
réunira, sans craindre les dépenses, tous les exemples
d'opérations diverses dont les fermes réelles sont susceptibles, même les manipulations spéciales qui ne
conviennent que dans des conditions économiques exceptionnelles. Il est bien entendu qu'en exerçant aux
divers procédés, on fera ressortir les différences des
conditions économiques dans lesquelles il conviendra
d'employer les uns plutôt que les autres. Les jeunes
élèves surveilleront et suivront elles-mêmes les opérations ; sans être poussées jusqu'à la fatigue ni longtemps
fixées sur des ouvrages trop grossiers et trop pénibles,
elles devront connaître de tout en mettant, comme on

dit, *la main à la pâte*. Il leur serait impossible par la suite de se rendre compte de tous les détails et de tous les tours de main, de toutes les malfaçons et de toutes les fraudes possibles, des conditions de la main-d'œuvre et des difficultés de la réussite, du mérite et du zèle des ouvrières, si elles ne poursuivaient de leur personne, de l'œil et de la main, de l'esprit et du corps, la complète et parfaite exécution des travaux.

Voici à peu près comment nous supposons qu'on pourra occuper les dix ou quinze hectares qui nous paraissent suffisants pour organiser, dans l'Institut féminin, le cadre d'une ferme où seront développées seulement les parties sur lesquelles la femme agricole doit exercer son activité :

Bâtiments de l'Institut; salles d'études, de leçons, de récréation et de travail à l'aiguille; dortoirs; réfectoires; laboratoires; celliers, caves, magasins; communs et dépendances;

Cours; basse-cour complète et garnie d'animaux variés, soit domestiques, soit d'acclimatation; grande porcherie;

Petites vacheries de sept ou huit vaches bien choisies; laiteries; bergeries pour un lot de bêtes à laine;

Manége; écuries pour quelques chevaux de trait et de selle, afin d'apprendre à conduire une voiture et à monter à cheval;

Parterres; gazons; jardins potagers et fruitiers, avec les accessoires de serres de toutes natures; jardins botaniques pour enseignement;

Parc anglais complanté d'arbustes variés indigènes et exotiques; pépinières; bouquets de bois qu'on enrichira peu à peu d'essences forestières diverses;

Prairies et champs d'études; champ d'expériences et de spécimens pour les plantes de grande culture;

Un petit ruisseau d'eau vive, bassins, réservoirs, glacière, etc.

Avec ces éléments, on exercera les jeunes élèves dans toutes les attributions et sur tous les devoirs de la future maîtresse de maison. On les appliquera successivement et chacune à son tour à la surveillance active et à la participation de tous les travaux, dont une partie n'aura d'autres ouvrières qu'elles-mêmes avec quelques aides habiles. Les nouvelles arrivées seront adjointes aux anciennes qui auront déjà passé par tous les services. On exigera de fréquents rapports, des comptes rendus détaillés, qui serviront en même temps d'exercice pour apprendre à écrire clairement et correctement. La surveillance des services, les rapports et les comptes rendus, auront encore l'avantage de forcer les élèves à pénétrer dans le rôle de la maîtresse de maison, et à prendre ainsi cette part de responsabilité qui donne à la fois l'activité et la maturité.

Nos lectrices trouveront, présumons-nous, quelque satisfaction à pouvoir passer en revue la série des services et des travaux que poursuivront les jeunes personnes de l'Institut rural. Pour leur en donner une idée, nous reviendrons à notre guide, à l'ouvrage déjà signalé de Mme Millet-Robinet. Nous ne saurions trop le recommander; car nous avons recueilli une foule de remercîments de la part des jeunes dames nouvellement entrées en ménage à qui nous l'avons conseillé, et même de quelques jeunes maris qui n'ont pas dédaigné, moyennant le passe-port d'une riche reliure, de le mettre dans la corbeille de mariage.

Il est écrit avec une simplicité qui le met à la portée de toutes les intelligences et en rend la lecture agréable même dans les sujets les plus humbles. Un bon sens intellectuel et moral, aussi éloigné des préjugés traditionnels que des hardiesses de la pensée indépendante, y règne d'un bout à l'autre. Mais ce qui domine encore ces qualités, au point de vue où nous sommes placés, c'est l'alliance non moins rare qu'heureuse d'une instruction toujours maintenue au courant des sciences agricoles, et d'une expérience prolongée dans toutes les pratiques et dans tous les procédés manuels employés par la ferme.

Il suffit de feuilleter *la Maison rustique des dames* pour reconnaître que c'est un petit royaume que le

ménage d'un fermier. Il faut donc y déployer non-
seulement des aptitudes et des connaissances spéciales,
mais encore des qualités administratives, et surtout des
vertus sociales qui ne sont pas sans relations avec les
qualités politiques dont un chef d'État doit faire preuve.
C'est ce qui résultera des détails dans lesquels nous
entrerons dans les chapitres prochains.

XVI

MÊME SUJET

Considérez chaque jour comme une feuille de papier blanc qu'on a mise entre vos mains pour être remplie ; souvenez-vous que les caractères tracés y subsisteront jusqu'aux siècles les plus reculés et ne seront jamais effacés. Ayez soin de n'y écrire que ce que vous pourriez lire avec plaisir mille ans après.

LADY PENNINGTON,

Avis d'une mère infortunée à ses filles.

ARGUMENT

> Le prix du temps ! le prix du temps ! quand sera-
> t-il mieux connu des femmes ?... Chacune des heures
> de notre existence arrive chargée de nous donner un
> ordre de Dieu à exécuter, et va s'enfouir ensuite dans
> l'éternité pour nous condamner ou nous absoudre !...
>
> Mme NECKER DE SAUSSURE.

La tenue de la maison ; — l'alimentation de la famille, des serviteurs et des ouvriers ; — l'hygiène et
la médecine domestique ; — les jardins ; — la portion
qui est réservée à la ménagère dans les travaux de
la ferme : — voilà ce qui constituera dans l'Institut
rural un enseignement pratique, ou, pour parler plus

exactement, un *apprentissage spécial*, parallèle à l'enseignement scientifique et combiné avec lui. Nous allons esquisser quelques traits de cet apprentissage, et nous renverrons pour les détails à la *Maison rustique des dames*.

La distribution de son temps est le premier soin que doive prendre une maîtresse de maison; le bon emploi de ses heures réglées signalera son premier talent.

Il faut se lever de bonne heure à la campagne; mais l'habitude en aura été prise à l'Institut rural, bon gré mal gré; une fois prise, elle se conservera sans peine à la ferme, parce que la responsabilité est une compagne d'oreiller qui se lève matin et qui n'a qu'à chuchoter pour être entendue. La jeune endormie sautera lestement de son lit, sinon de son propre mouvement, du moins sans résistance; car elle sait qu'au moment d'exécuter les ordres de service donnés la veille, il survient souvent des incertitudes et des malentendus que la maîtresse de maison tranche ou corrige à l'instant, si elle se trouve à son poste. Elle sait aussi, qu'en respirant, dès la première heure, l'air purifié pendant la nuit, elle profite du plus certain et du moins coûteux des cosmétiques, pour conserver ou pour faire naître la fraîcheur de son teint.

L'ordre dans le *temps* serait insuffisant sans l'ordre dans l'*espace*. Il faut donc qu'il y ait dans la maison une place désignée pour chaque chose, et que chaque chose, après avoir servi, soit remise à sa place. Ces principes sont bien élémentaires; tout le monde les connaît et les accepte, mais il n'est donné qu'à peu de personnes de les mettre en pratique de leur propre mouvement et sans y être contraintes. Car si l'ordre est une de ces qualités que l'on exige sévèrement chez les autres, c'est une de celles dont on se dispense soi-même le plus aisément, sous mille prétextes, sans s'apercevoir qu'on est sa propre dupe. On a pour soi un fonds d'indulgence inépuisable.

A l'Institut rural, spécialement organisé pour l'instruction, les jeunes personnes sont tenues par des règlements que l'on ne peut enfreindre, et sous l'empire desquels l'ordre se fait naturellement, sans apparence de difficulté; chacune des élèves s'y est rangée aisément parce que, toutes y étant soumises, les unes ont soutenu les autres. D'ailleurs, tout peut y être prévu d'avance, et il surgit rarement des obstacles. A la ferme, au contraire, où l'on se trouve en pleine réalité de culture productive, l'organisation est faite pour le profit; elle est donc forcément plus élastique et dépend bien autrement des circonstances et de l'imprévu. L'ordre ne peut y être aussi mathématiquement calculé que dans une institution, et il faut que la maîtresse de maison y supplée. Elle ne devra se fier qu'à elle-

même du soin de le maintenir dans les circonstances
ordinaires, ou de le rétablir lorsque des événements
inattendus auront obligé d'y manquer. Le moyen le
moins infaillible, pour se faire obéir, sera de donner
l'exemple, et c'est là que la ménagère montrera tout
d'abord sa force de caractère, son empire sur sa propre
personne, ainsi que la connaissance approfondie qu'elle
aura acquise, à l'Institut rural, du service et des serviteurs.

La manière de traiter et de conduire les domestiques
est une grande affaire. Gouverner les inférieurs est
l'art suprême, l'art qui résume tous les autres et les
complète quel que soit le rang que l'on occupe dans la
société. Les qualités naturelles d'une maîtresse de
maison jouent en cela un rôle prépondérant, mais il
faut se bien persuader que par la volonté et la pratique
on parvient à acquérir graduellement ces qualités. Si
l'on se possède assez pour y joindre la fermeté, la douceur et surtout la *justice,* on finira par obtenir plus de
succès que les femmes les mieux douées par la nature
qui ne veilleraient pas assez sur elles-mêmes. C'est à
redresser, à compléter, à former ainsi les caractères
des jeunes personnes, que les directrices de l'Institut
rural s'attacheront fortement. Elles feront pénétrer
dans le cœur des élèves cette maxime, que les bons
maîtres créent les bons serviteurs, et que la réputation

d'une maîtresse de maison digne de ce nom lui assurera toujours les meilleurs sujets du pays.

Les élèves accompliront un parfait apprentissage en contribuant le plus possible aux services de l'Institut rural, et en recevant des observations et des instructions de la part des institutrices et maîtresses de pratique. Lorsque, par la suite, elles n'auront plus qu'à commander, elles se montreront expertes et entendues dans les ordres qu'elles donneront et dans l'appréciation du travail exécuté. La capacité dont elles feront preuve sera le premier élément de leur influence, la première cause du respect dont on les entourera.

Parmi les services auxquels seront attachées les élèves à l'Institut rural, celui du mobilier et des ustensiles ne sera pas sans importance. La propreté quotidienne, les grands nettoyages périodiques, les réparations nécessaires, les remplacements, les achats, provoqueront des rapports, des observations, des études de la part des jeunes personnes qui succéderont, tour à tour, les unes aux autres. Elles y apprendront et y pratiqueront une foule de menus soins, de procédés, de recettes, qui leur permettront plus tard de se passer du tapissier et d'une foule d'autres gens de métier; ce qui ne les empêchera pas de conserver dans leur intérieur, et à peu de frais, cet aspect de propreté, de rangement et d'aisance qui prévient tout d'abord les visiteurs en faveur des habitants d'une ferme.

On doit, à la campagne, repousser les meubles dont l'élégance de convention a pour base le clinquant, et leur préférer, même à prix plus élevé, les meubles simples dont la vue seule provoque l'idée de solidité, de durée et de commodité. Sans atteindre le luxe qui entraîne des soins minutieux fort gênants dans une ferme, il ne faut pas se priver d'un bon confortable, ni même d'un confortable distingué lorsqu'on a une aisance qui le permet.

Avec le même revenu à dépenser, les habitants de la campagne doivent être mieux logés, aussi proprement, plus confortablement, non moins élégamment que ceux de la ville, et y trouver un bien-être matériel calculé pour ménager plus de loisirs à la culture de l'esprit.

En faisant intervenir la végétation, les fleurs, les volières, les aquariums, on peut avoir, au moyen de quelques soins peu dispendieux, des appartements charmants, ornés, pleins d'attrait et d'originalité. C'est un art de décoration dont il sera facile à l'Institut rural de doter les élèves, en profitant des occasions qui se présenteront pour créer des salles de fêtes champêtres et de récréation.

Toutes les questions auxquelles peuvent donner lieu

l'ameublement, depuis le salon et les chambres à coucher jusqu'à la cuisine et aux caves, les ustensiles et appareils de ménage, les approvisionnements, le chauffage et l'éclairage, sont traitées, par Mme Millet-Robinet, dans une soixantaine de pages pleines d'instructions précieuses et de bons conseils.

Parmi les conseils, nous en citerons un, celui de distribuer son temps et de régler sa surveillance et ses travaux de manière à être libre vers les trois heures de l'après-midi. Une femme qui a de l'ordre et du caractère y parvient facilement.

Elle peut alors prendre sa récréation dans l'accomplissement des devoirs qui lui sont agréables, dans les visites à rendre ou à recevoir, dans les excursions aux champs, dans les promenades d'instruction ou de simple délassement, dans la lecture, ou dans les travaux d'aiguille et dans la confection des objets de toilette.

La toilette! ah! nous y voici enfin, diront quelques jeunes lectrices de notre livre. De la toilette à la campagne, pour une femme agricole admise à l'honneur de voir teter les veaux! Il est clair que vous allez la refuser et en montrer la vanité. Laissez-nous donc, Monsieur! nous ne voyons que trop bien où tend tout votre enjôlage! à nous enterrer vives, en robe grise, en capuchon gris, en bas gris, sans gants, sans un bout de ruban ni de dentelle, sans jupe et sans corsage à la mode; ou bien **encore**, ce qui serait peut-être pire, sans personne pour critiquer notre toilette ou l'admirer et en enrager! — La toilette! tout est là, Monsieur! Tout, même pour les plus raisonnables d'entre nous, pour les plus savantes, pour les plus philosophes! Celles qui disent le contraire mentent, mentent encore et mentent toujours. Voilà notre opinion, sans fard ni détour!

Eh bien, Mademoiselle, nous allons parler toilette : à bientôt notre pensée ; — sachez cependant, par avance, que Mme Millet-Robinet, qui vous laisse toute liberté à la ville pour mettre ou ne pas mettre de gants, selon votre fantaisie, en exige absolument à la campagne, dès que vous sortez seulement dans le jardin, afin que vous conserviez aux mains cette apparence qui annonce toujours une femme bien élevée. — Nous sommes du même avis; car

Il faut pour fendre le bois faire des coings avec le bois lui-même.

La Boetie,

De la Servitude volontaire.

XVII

LA TOILETTE A LA CAMPAGNE

Pourquoi, Célie, votre corset est-il si lâche,
si négligemment lacé? Pourquoi faut-il que vo're
robe vous enveloppe comme un drap de lit?
Qu'elle orne mal votre tête, cette coiffure chif-
fonnée par l'oreiller! Ces noires tresses qui on-
doient sur vos épaules en boucles mal apprêtées
gâtent le visage qu'elles devraient embellir! D'où
vient cet oubli total de parure? Dites-moi, je vous
prie, Célie, êtes-vous maintenant mariée? — Oui.
— A la bonne heure, mon étonnement cesse...

Fables for female sex; London. 1786.

ARGUMENT

Indispensabilité de la toilette. — On a calomnié l'agriculture
en la présentant comme l'ennemie de la toilette. — Grande
affaire que la toilette à l'Institut rural féminin. — Tout
dépend des proportions. — Ateliers de toilette de la maîtresse de maison. — Admission des servantes de la ferme.
— **LA TOILETTE** devient un **MOYEN DE MORALISATION.**

L'embellissement du village avait inspiré à tous les
habitants l'amour de la propreté, de l'ordre et du travail. Ce fut ce penchant qu'Ottilie se proposa de développer chez les petites filles. Elle les réunit au
château à des heures fixes, et leur enseigna à filer, à
coudre, à faire beaucoup de travaux d'aiguille

GŒTHE,

Les Affinités électives.

La toilette est un de ces sujets délicats dont il serait aussi faux de nier l'importance qu'imprudent de
méconnaître les dangers.

Toutes les femmes aiment la toilette ; il leur en
faut ; elles en ont besoin pour plaire dans la société,

pour se plaire à elles-mêmes. — Mais la toilette, *trop courtisée*, peut occuper beaucoup de temps à la ménagère, l'entretenir dans la dissipation, la mettre sur la pente de funestes écarts, et, après avoir conduit la famille sur le chemin de la gêne, détruire finalement le bonheur et l'avenir d'un ménage. — Les femmes agricoles doivent donc, à cet égard, faire un sévère examen de conscience.

Autre point :

L'agriculture n'a pas la réputation d'être favorable à la toilette. Elle semble offrir peu d'occasions pour faire briller l'art des ajustements. Les jeunes personnes que l'on appelle à la vie agricole peuvent donc supposer qu'on les condamne d'avance à une tenue de couvent, et qu'on veut les sevrer à tout jamais des moindres jouissances de la parure.

C'est encore un préjugé à dissiper. Il s'est enraciné par la paresseuse habitude de beaucoup de femmes agricoles, qui, sous prétexte de soins de ménage et d'économie, s'affublent outrageusement, à la campagne, de vêtements sordides, en érigeant en vertu un défaut réel que rachètent à peine l'instruction, l'esprit et l'amabilité.

Entre l'amour exagéré de trop de femmes pour la toilette et la négligence systématique de quelques autres dénuées de tact ou d'amour-propre, il y a une place convenable à occuper et des règles à reconnaître qui concilient les sentiments naturels, le bon goût et les intérêts.

Les directrices de l'Institut rural suivront avec une extrême attention la question de la toilette, beaucoup plus importante qu'on ne voudrait l'avouer.

Certes, tout le monde reconnaît qu'il faut conformer sa toilette aux travaux que l'on surveille et que l'on fait exécuter ; mais fût-on au milieu de ses femmes de lessive, ou dans l'étable à vaches au moment du pansage, on peut toujours se montrer propre et bien ajustée. La simplicité, la grossièreté même des étoffes, n'excluent ni le soin, ni la coupe gracieuse. D'un autre côté, la mise de fête à la ville n'a point le cachet de celle qui convient à la campagne dans les mêmes occasions. La toilette tapageuse y serait ridicule, et la suprême mode, saisie au moment où elle atteint le sommet de son développement, y serait déplacée. Il y a là tout un art à saisir. La dépense pour bien faire n'est pas supérieure à la dépense pour faire mal.

En résumé, la femme agricole visera au double mérite d'être au moins soigneuse dans sa toilette, sinon distinguée, sans jamais dépasser les ressources de sa fortune et surtout sans accroître le budget qu'elle aura fixé d'accord avec son mari. — Comment faire ?

L'Institut rural aura une organisation spéciale pour préparer ce précieux résultat.

Il réunira d'habiles maîtresses de pratique, avec un atelier complet de confection, garni de tous les appareils modernes, métiers et machines à coudre. On y enseignera à tailler toute espèce de vêtements, à dessiner des patrons, à connaître la qualité et le prix des étoffes, leurs applications diverses, leurs meilleures provenances, et les différences qu'elles présentent par leur fabrication et leur teinture sous le rapport de la solidité du tissu, de la durée et de la susceptibilité de la nuance. Le blanchissage, les procédés de conservation et d'entretien, l'enlèvement des taches, le dégraissage, livreront aussi leurs secrets. Les élèves y confectionneront autant que possible leurs vêtements. Elles y feront des chapeaux, des bonnets, de la lingerie, des modes, de la chaussure même sauf quelques restrictions. Elles s'y familiariseront avec ces ingénieux et charmants ouvrages d'aiguille qui emploient si agréablement le temps pendant les soirs d'hiver ou les jours de pluie, et qui permettent d'embellir une étoffe commune sans guère d'autres frais que ceux des heures qu'on leur a consacrées.

Sous le point de vue que nous venons de signaler, l'Institut rural pourra donc être considéré comme un véritable atelier professionnel de confection.

La maîtresse de maison, avons-nous dit, saura, dans sa ferme, se rendre libre vers les trois heures de l'après-midi. C'est dans les instants ainsi réservés jusqu'au dîner qu'elle placera les heures où elle s'occupera de sa toilette et de celle de sa famille.

Pourquoi n'irait-elle pas même jusqu'à prendre souci de celle du personnel de son exploitation?

A la campagne, on trouve toujours chez soi ou dans ses environs quelques jeunes filles plus faibles de complexion, parfois infirmes ou impropres aux travaux de force, et, par cela même, plus avisées aux ouvrages d'aiguille. Ce sera une ingénieuse charité que d'en former des ouvrières pour un atelier élémentaire destiné à confectionner les parties de l'habillement qui n'exigent pas la couturière ou la modiste de la ville. La maîtresse de maison qui sait acheter et choisir ses étoffes, couper et travailler sur patrons, qui aura passé par l'apprentissage de l'Institut rural, et qui a ses machines à coudre, réalisera une forte économie équivalente à un supplément de budget. Avec la même somme, elle jouira donc de plus de ressources pour sa toilette que ses anciennes compagnes de la ville.

Rien ne l'empêchera d'appliquer aussi son atelier à la tenue des domestiques et des ouvrières de la ferme.

Quelle est donc l'humble fille de basse-cour qui n'aime à s'embellir de quelque ajustement? Quelle est celle qui, dans cette pensée, ne fera ses efforts pour se ménager quelques instants de la soirée par un surcroît d'activité dans l'accomplissement de sa tâche journalière? Elle sollicitera la faveur de venir s'asseoir à l'atelier, où, indépendamment de la lumière, du feu, des machines à coudre et des conseils de son habile maîtresse, on lui réservera de petits avantages.

Il y aura profit pour tout le monde. Le travail de la ferme sera poussé avec vivacité et attention, au lieu d'être traîné nonchalamment avec l'esprit endormi. Il sera meilleur. La fille se délassera par le changement de travail et par le contentement de s'assurer des vêtements propres et frais qui ne lui coûteront presque rien. La ménagère acquerra plus d'influence sur son personnel féminin et le tiendra mieux en respect. — De là aux hommes de la ferme il n'y a qu'un pas. Ils seront plus propres et mieux entretenus, avec moins de déboursés, par le concours de l'atelier féminin.

Nos lecteurs aperçoivent déjà une autre conséquence.

Ce contact plus maternel de la maîtresse de maison et de ses ouvrières, ce crédit tout spécial et inaccoutumé que lui vaudront ses talents de directrice d'atelier, lui offriront en même temps un puissant moyen d'instruire et de moraliser son monde. Le patois sera banni, le langage s'épurera, la grossièreté et la rudesse des manières disparaîtront peu à peu. La propreté deviendra habituelle, la tenue moins gauche ; les allures seront plus franches, le caractère plus confiant. Naturellement, la conversation, conduite d'une manière moins niaise, amènera souvent à proposer une lecture. Arrivée à ce point, une maîtresse de maison régnera sous tous les rapports, car elle pourra meubler la mémoire de connaissances utiles, nourrir l'esprit d'idées plus hautes, pénétrer le cœur de sentiments bienveillants et moraux.

Quelle vive satisfaction pour elle de pouvoir dériver de la sorte les effets du goût pour la toilette, et de tirer un parti aussi salutaire et profitable d'une propension innée et irrésistible !

La toilette sagement réglée, confectionnée par les mains de celles mêmes qui s'en parent, loin d'être à la ferme un signe de légèreté et de dissipation, deviendra, au contraire, un témoignage de conduite, d'assiduité et d'habileté. Aux jours de réunion et de fête, que rend de plus en plus fréquents le développement des voies de communication, les habitantes de la ferme se distingueront par la propreté, la fraîcheur, la coupe convenable et la simplicité correcte.

Alors un hommage rendu par le mari à la mise de sa femme sera un éloge fondé sur le mérite personnel, et ne sera plus, comme il l'est aujourd'hui, un simple compliment qui se trompe d'adresse et qui

revient à la modiste, à un ruban nouveau, à la plume
d'un oiseau étranger!

Vous voyez, Mesdemoiselles, que les mots de toilette
et de ferme ne sont point, pour nous, des mots qui
jurent de se trouver ensemble... mais à la condition,
cependant, que le travail et l'habileté personnelle
présideront à leur **alliance.**

XVIII

SOINS INTÉRIEURS DU MÉNAGE

(REDITES)

La répétition est la plus efficace des figures
de rhétorique.

NAPOLÉON Ier.

ARGUMENT

Les cuisines de l'Institut rural correspondent aux laboratoires des Écoles normales. — Bons conseils de M. Joigneaux. — des rapports intimes entre le jardin et la bonne alimentation des serviteurs de la ferme. — Des groupes d'élèves attachés à tous les services de l'Institut. — Excursions au dehors pour compléter l'instruction dans les fermes voisines.

> Rien ne pénètre aussi doucement et aussi profondément dans l'âme que l'influence de l'exemple.
>
> JEAN LOCKE.

Nous avons déjà parlé de l'alimentation du personnel de la ferme, et de l'horticulture qui s'y lie si intimement. Nous y revenons pour montrer quelles facilités l'Institut rural offrira aux jeunes filles pour les familiariser avec ces deux grandes attributions de la maîtresse de maison dans une ferme.

Le nombre de personnes entretenues dans l'établissement donne de l'importance aux détails et oblige à les constituer *en services*. Répétons ici qu'à chacun de ces services on attachera un groupe de plusieurs

10.

élèves ; que l'on nommera aussi des commissions temporaires pour des circonstances accidentelles, par exemple, pour la réception d'objets achetés ; et que les rapports des élèves seront lus et discutés dans des conférences générales : moyen d'enseignement efficace, en ce qu'il fixe fortement l'attention et met en scène la personnalité du rapporteur.

Le service des offices et des cuisines sera, comme l'on pense bien, surveillé de près par plusieurs groupes. A la campagne, on n'a point de restaurateur à sa porte, et l'on y est souvent forcé de remplacer les cuisinières, qui s'empressent de se rendre dans les villes dès qu'on les a formées à soigner quelques ragoûts et à dresser un plat. Il ne faut pas non plus dépendre d'une femme ignorante ou malhonnête, qui fera, presque sous les yeux de sa maîtresse inexpérimentée, une foule de gaspillages, de maladresses ou de menues fraudes. Il est donc de toute nécessité qu'une maîtresse de maison sache, au besoin, préparer quelques mets ; elle n'en commandera et n'en surveillera que mieux.

L'Institut demandera aux demoiselles qu'il instruit de vouloir bien considérer les cuisines comme l'on considère les laboratoires de chimie dans les facultés. Il y en aura plusieurs garnies de fourneaux et d'ustensiles, et l'apprentissage mutuel aura lieu avec émulation de la part des divers groupes qui seront de service. La palme sera pour celles qui feront mieux dans le moins de temps et au meilleur marché. Nul doute que les rivalités des jeunes concurrentes, jugées en dernier ressort au réfectoire par leurs compagnes en appétit, ne profitent rapidement à leurs talents culinaires, sans que l'amour-propre soit blessé de la vulgarité du travail.

On trouve deux cuisines dans une exploitation rurale : celle de la maison et celle de la ferme, celle du chef et celle des ouvriers. La bonne règle est de résister, pour la première, aux tendances gastronomiques, et d'accroître, pour la seconde, les qualités nutritives, la diversité des mets et la variété des préparations. « Il y a, dit Joigneaux, dans ses *Conseils à la jeune fermière*, des ménagères qui, sous prétexte que l'appétit est le meilleur assaisonnement, ne se lassent point de ramener la même soupe et le même plat des mois et des années durant. On en vit; mais comme on vivrait mieux en variant les mets ! »

Nous sommes de l'avis de ce maître, praticien émérite et non moins familier avec les théories élevées : une ménagère de bonne volonté composera un plat excellent avec les denrées qu'une gargotière déguiserait en un horrible brouet. L'une sait, et veille sur ses fourneaux; l'autre ignore, et va jaser à la fenêtre. En outre, celle qui est soigneuse consomme moins de charbon et moins d'assaisonnement que l'insouciante. L'hygiène enfin n'exige-t-elle point quelque variété dans l'alimentation ?

La maîtresse de maison qui voudra remédier sans frais à la monotonie et à l'insipidité des mets y parviendra très-facilement en intéressant les ouvriers de la ferme à la culture des jardins et aux soins des animaux. En y mettant de la volonté, on parviendra facilement à faire garnir la table des ouvriers avec des légumes, des salades, des fruits de diverses natures et des assaisonnements variés ; on la rendra plus agréable et plus abondante. Lors même qu'il faudrait au potager, au verger, à l'alimentation des petits animaux de basse-cour, quelques heures de travail de plus, l'agrément les compenserait bien, sans compter qu'on hante moins le cabaret quand on est mieux nourri ; mais il est probable que le temps ordinaire suffira, pourvu qu'il soit appliqué plus habilement et avec plus de zèle ou de soin. C'est là que pourra briller la jeune maîtresse de maison formée à l'Institut rural, où les élèves auront été obligées de suivre les divers services de l'horticulture. Elles y auront jugé par elles-mêmes de quelle importance il est de se rendre compte des époques d'ensemencement, du nombre des carreaux à ensemencer, du rendement probable de la récolte, des ressources du verger, des qualités spéciales aux diverses races de volailles, de lapins, etc., afin d'avoir, à chaque saison, tels ou tels bons légumes en quantité convenable, afin de varier le lard éternel des anciennes fermes, soit avec les produits de la basse-cour, soit avec les nombreuses préparations que fournissent le laitage et les œufs. Il y aurait eu de beaux cris au réfectoire, si les petits pois avaient manqué, si les crèmes avaient tourné, si la galette s'était brûlée et si les jours de fête on n'eût point vu sur la table quelques poules au riz ou quelques gibelottes, voire une compote de pigeons!

Nos lecteurs et nos lectrices ne supposeront pas, d'après ces derniers mots, que l'Institut rural veuille développer la sensualité sur les lèvres roses de ses pupilles. Non! les limites seront posées par le bon sens, et elles naîtront naturellement de cette formule de Mme Millet-Robinet: *La cuisine à la campagne doit être bonne, saine, simple, peu coûteuse et facile à exécuter.* Pour prêcher d'exemple, cette dame consacre la moitié d'un volume à la préparation de la nourriture, et quiconque trouvera dans une bibliothèque la *Maison rustique des dames* s'apercevra tout de suite que cette moitié est la partie la plus consultée; preuve irrécusable de ses qualités. Tout ce qu'on y enseigne a été pratiqué, étudié, comparé,

corrigé et arrêté par l'auteur avec la sagacité d'un esprit scientifique et la sûreté d'une praticienne habile.

Il va sans dire qu'à l'Institut rural les travaux de
la basse-cour et ceux des champs d'étude où l'on donnera des notions de la grande culture en plein champ
seront suivis, comme ceux de l'horticulture, par des
groupes qui les apprécieront dans leurs comptes rendus. Ces groupes accompliront également, tour à
tour, les excursions à faire dans les exploitations du
voisinage, aux époques des opérations agricoles de la
grande culture, dont celles de l'horticulture ne donne-
raient pas une suffisante idée.

Il faudrait consacrer une dizaine de chapitres au
moins aux jardins, à la basse-cour et à la ferme, pour
montrer, par les menus détails, l'action utile.et bien-
faisante que peut y exercer une femme agricole qui
aurait passé par les études et par l'apprentissage de
l'Institut rural féminin ; mais nous en avons assez dit
pour que les lecteurs de notre petit livre aient reconnu
les avantages de l'établissement. Nous craignons,
d'ailleurs, qu'ils n'aient déjà trouvé chez nous trop de
longueurs, de redites et de digressions. Nous n'irons
donc pas plus loin, et nous ne réclamerons la patience
de nos lecteurs que pour les entretenir dans un dernier

chapitre de la femme de l'agriculteur en famille, occupée avec son mari de la santé et de l'éducation de
ses enfants, construisant, pour elle-même et pour son
mari, son nid de tendresse et de félicité conjugale.

Tutto con te mi piace,
Sia colle, silva o prato.
METASTASIO.

XIX

ÉPOUSE ET MÈRE

Avec un tact plus fin, des soins plus délicats,
  Vous gouvernez vos modestes États;
  ·Vous maniez avec plus de souplesse
  Des passions la sauvage rudesse.
  Nous raisonnons, et vous persuadez.

DELILLE.

ARGUMENT

Hommage à la femme qui remplit son rôle dans la famille
agricole. — Elle puise des forces et des mérites dans les
difficultés inhérentes à la vie des champs. — Haute et
religieuse mission de la femme auprès des enfants. —
Elle y a été préparée à l'Institut rural, où l'étude et la
contemplation de la nature lui ont inspiré les sentiments
moraux et religieux qu'elle transmettra aux enfants.

La mauvaise éducation des femmes fait plus de mal
que la mauvaise éducation des hommes. Les enfants qui
seront dans là suite tout le genre humain, que devien-
dront-ils si les mères les gâtent dès les premières années

FÉNELON.

Nous avons besoin de terminer notre série d'é-
tudes par un coup d'œil sur la femme agricole, considérée non plus comme simple associée dans le labeur
et les devoirs de la fonction, mais comme épouse et
mère de famille, « comme ornement du foyer domestique et charme de la vie. »

Aujourd'hui, nous ne la voulons pas affairée, combinant une opération de culture, ou courbée sur son grand livre à comparer ses comptes en perte et ses comptes en bénéfice; nous la voulons femme dans la grande valeur du mot, femme conjugale et maternelle.

La voici : — Reposant encore après le départ extra-matinal de l'époux, allaitant le dernier venu et attirant ses plus jeunes enfants sur son lit pour les caresser, jouer et babiller avec eux ; — interrogeant sérieusement la santé des marmots au moment des soins hygiéniques de la toilette, songeant à l'éducation des aînés et combinant ses moyens pour développer leur tempérament, leur force et leur beauté ; — veillant au retour du mari fatigué qui vient prendre ses repas, lui préparant ses vêtements de rechange, attentive à ce que rien ne lui manque pour ses habitudes, indulgente même pour ses manies ; — écartant de lui ces minces sujets de contrariété qui taquinent sans fruit les hommes fortement occupés, et ne laissant arriver qu'aux moments choisis les difficultés qui exigent de viriles déterminations; — se délassant, le soir d'une rude journée, par une conversation affectueuse, par une lecture attachante, par les jouissances de la musique ; — s'entretenant en famille des prouesses et des progrès de ses enfants, de leurs pe-

tites fautes, de ces gentillesses du jeune âge si chères
aux parents et des promesses d'avenir qui se dévoilent
sous un caractère ardent, mais maniable; — s'unis-
sant avec tendresse aux actes de bienveillance du mari
et avec fermeté aux actes de justice; — habile à poser
les limites convenables; — tempérant par de doux
reproches une ardeur outrée au travail, ranimant avec
art un courage rebuté, excitant une réaction énergique
contre les duretés de la grande lutte humaine. — Et
puis, parfois, dans les jours de *diables bleus* ou dans
les heures de tristesse, cherchant un refuge à ses
propres douleurs dans les profondeurs intimes d'un
cœur ami, pour y puiser un réconfort contre les amer-
tumes et les déceptions de la vie : ainsi consolatrice et
consolée tour à tour par la divine *grâce d'état* de l'état
conjugal.

Tel est le tableau raccourci où la femme agricole,
comparée à la femme des villes, se place au meilleur
plan, parce qu'étant soustraite à l'agitation mondaine,
elle peut concentrer ses sentiments sur son mari, sur
ses enfants et sur les éléments paisibles dont se forme
le petit royaume qu'elle préside et embellit.

Autant la constitution de la famille est atteinte et
désorganisée par l'épouse que la nécessité oblige à
quitter son foyer, à sortir en quelque sorte d'elle-
même pour aller exercer une profession loin des siens,

dans la fourmilière d'un milieu industriel aussi malsain que glissant, — autant la constitution de la famille se préserve et se cimente par la femme agricole, retenue parmi les siens pour la plus complète expansion de toutes ses forces et de toutes ses qualités, au sein d'un air pur et dans le calme moralisant d'une solitude peuplée.

Ce n'est pas que l'existence à la campagne ne soit accompagnée de quelques difficultés, surtout pour l'éducation par l'école et pour les cas de maladie. A la ville, on a tout sous la main : médecins, pharmaciens, externats, pensions et professeurs de toute espèce. A la maison des champs, au contraire, tout cela est loin, ou tout cela manque. C'est donc à la mère que reviennent ces graves soucis de la vie de famille.

Mais de ces difficultés mêmes il va naître des obligations qui rehaussent la femme agricole et qui la conduisent vers l'accomplissement de ce qu'il y a peut-être de plus élevé et de plus religieux dans la mission de son sexe.

S'il est, en effet, une vérité acceptée de tous et absolument incontestée, c'est que l'éducation de l'enfant commence, pour ainsi dire, immédiatement après son arrivée à la lumière de ce monde. — Qui peut s'en occuper, sinon la mère ? (1)

(1) Dès les premiers jours de sa naissance, un nourrisson

S'il est également vrai que la première éducation conserve une influence puissante sur toute la suite de l'existence ; s'il est vrai que les premières années de l'enfance ne peuvent se passer des soins continus de la mère, qui sera mieux placé que la mère elle-même pour cultiver l'intelligence, pour inspirer la moralité?

Le sort et l'avenir des générations sont entre les mains de toutes ces jeunes femmes en création de familles. Leur esprit, leurs sentiments, leurs passions, leurs vertus, leurs déréglements, leurs préjugés, leur imprévoyance, leur ignorance, tout se retrouvera plus tard mêlé et fondu avec les enseignements postérieurs des écoles, des pensions, des séminaires, des universités et du monde ; tout se retrouvera, latent ou sensible, modifié sans doute, mais jamais détruit ; rien n'en sera perdu.

De quelle haute importance n'est donc pas la première éducation maternelle ! et de quelle importance non moins immense n'est pas l'éducation des jeunes

bien portant prendra les habitudes qu'on s'astreindra à lui donner. Ses heures seront réglées pour la nourriture, pour le sommeil, pour les sorties au grand air. Il apprendra à se tenir paisible dans son berceau, dormant ou éveillé. La régularité se continuera, pourvu qu'on y tienne la main, après le sevrage, lorsqu'il parlera et marchera seul, et ainsi de suite... Une éducation physique réglée ne contient-elle pas déjà en elle-même un germe d'éducation morale?

filles appelées par le vœu de la nature à devenir les éducatrices primordiales des générations successives de l'humanité !

Les droits exclusifs qu'ont les femmes à faire la première éducation des deux sexes paraissent, à la campagne, dans tout l'éclat de la vérité et dans tous leurs développements. A la ville, on peut y suppléer en partie ; mais à la campagne, ces droits se transforment en devoirs. Si les citoyens de toutes conditions se pénétraient profondément de cette pensée, aucun ne se consolerait de l'état d'abandon où l'on a laissé l'éducation des filles pendant une si longue série de siècles.

Elles étaient destinées à former des hommes, et l'on ne songeait pas même à les élever en femmes. On allait jusqu'à poser en principe leur droit à l'ignorance. On ne s'apercevait pas qu'en négligeant de remplir ces jeunes têtes avec des connaissances utiles, on ouvrait la place à l'invasion de l'oisiveté, de la superstition, de l'amour-propre, de la vanité, du goût immodéré des parures, et de l'aversion contre tout sujet sérieux ! A quelles frivoles gouvernantes la société allait-elle confier la génération en pousse et en sève !

Notre Institut rural pour l'éducation agricole, scientifique et pratique des femmes, semble se dresser à point, en face des obligations futures de la maîtresse de maison mère de famille. Les enseignements que la jeune fille y aura reçus la mettront en fonds pour présider en connaissance de cause aux études de ses futurs enfants. D'ailleurs, l'Institut préparera d'une manière générale aux fonctions d'institutrice maternelle par des cours de grammaire, de littérature et de morale, par l'exposé et la discussion d'un programme d'instruction enfantine, de même qu'il organisera un cours d'hygiène domestique pour les cas d'accidents et pour les premiers soins à donner aux malades avant l'arrivée du médecin.

Pour une mère bien élevée, les moyens d'éducation physique, intellectuelle et morale, abondent à la campagne et se présentent à chaque pas. Que de ressources la mère n'y trouvera-t-elle pas, indépendamment de l'air pur ? La gymnastique est installée au jardin ; l'équitation, la chasse et la pêche sont à sa portée, et offrent, sous forme de récréation, des sujets d'enseignement tout autant que des sources hygiéniques de développement corporel, sources qui, dans les grandes villes, ne sont guère abordables que par les privilégiés de la fortune.

Et les jardins, les parterres, les serres, les volières, les basses-cours ! C'est là que la première instruction

est donnée sans fatigue et reçue comme amusement.
Pour la femme instruite, un carreau d'horticulture devient un monde où ses enfants pourront puiser, sous
ses yeux et par sa parole, des leçons pleines de charme.
Le plus jeune baby, attaché à ses jupes, apprendra
sans efforts les noms et les propriétés des plantes;
d'une année à l'autre, ses progrès seront énormes :
il connaîtra les effets des saisons et des accidents atmosphériques; il ne tardera pas à s'intéresser aux
travaux du jardinier; les questions afflueront sur ses
lèvres; il ira lui-même au-devant de l'instruction. La
mère ne fera pas une promenade qu'elle ne puisse
meubler la mémoire et exercer la raison de l'enfant
tout en le laissant sauter et gambader. Lorsqu'il sera
livré au précepteur pour des leçons régulières, il aura,
sur une foule de choses utiles, des notions étendues
qui manquent souvent aux jeunes gens faits, même
lorsqu'ils sont assez âgés pour quitter le collége.

Quant à la morale, elle se montre d'elle-même au
milieu des beautés de la nature, où tout chante l'harmonie des relations, où tout révèle la présence et l'i-
népuisable bonté de la Providence. La mère n'a qu'à
sentir elle-même et à épancher ses sentiments dans
le cœur de ses enfants.

Arrêtons-nous : il y aurait matière à des volumes!...

et résumons en quelques mots la pensée principale de
notre travail.

Nul ne fera de rentes aux filles sages et distinguées
que l'insuffisance de la dot voue au célibat.

Il faut donc chercher à les marier avec peu ou point
d'argent.

Mais à qui?

Les épouseurs riches sont des exceptions trop
rares pour les faires entrer en ligne de compte.

Restent les travailleurs honnètes et intelligents,
mais sans fortune, qui débutent dans la vie et ne peuvent encore suffire seuls aux dépenses du ménage.

De là, nécessité de suppléer à la dot par une éducation spéciale et un apprentissage sérieux, afin que
la jeune fille puisse apporter une participation positive
et fructueuse à l'accroissement des ressources de la
famille.

La carrière agricole atteint ce but. Elle répond à
toutes les objections; elle satisfait à toutes les exigences; elle est la mieux appropriée aux qualités et à
la mission de la femme; au lieu de la détourner de sa
voie naturelle et physiologique, elle l'y ramène toujours et par tous les chemins avec une énergie crois-
sante; elle est à peu près illimitée quant au nombre
des jeunes personnes qui voudront la suivre, car la

plus grande partie de la population lui appartient ; et, de plus, tout agriculteur est obligé de se marier, sous peine de ne réussir qu'à moitié, ou même de ne pas réussir du tout.

Instruite et formée au rôle de maîtresse de maison et de ménagère de la ferme, la femme suivra d'un pas assuré la carrière commune. Associée de l'époux et son complément indispensable dans le labeur et dans la fonction, rien ne l'empêchera cependant de remplir sa mission de mère et d'éducatrice. Elle régnera au foyer domestique, au milieu d'une famille fondée sous les auspices du travail et de l'intelligence, élevée dans la contemplation religieuse de la nature, pleine de confiance dans la miséricorde et la récompense de Dieu.

Tout passe, joie et misère ! Tout se dissipe comme un songe ! Aucun trésor ne vous accompagne au delà de ce monde terrestre, sinon le trésor amassé précieusement dans vos cœurs : la vérité, l'amour, une conscience paisible, et le souvenir que ni plaisir ni peine n'ont pu vous détourner du chemin du devoir.

WIELAND.

FIN.

TABLE DES MATIÈRES

PREMIÈRE PARTIE.

DU ROLE INTELLECTUEL ET MORAL DE LA FEMME AGRICOLE.
VISITE A LA FERME DE C*******.

DEUXIÈME PARTIE.

INSTRUCTION ET APPRENTISSAGE DE LA FEMME AGRICOLE. — ESQUISSE ET CONDITIONS D'UN INSTITUT RURAL FÉMININ.

FIN DE LA TABLE.